生態系へのまなざし

鷲谷いづみ
武内和彦
西田　睦

東京大学出版会

Ecosystem and Biodiversity :
Multidimensional Approaches
Izumi WASHITANI, Kazuhiko TAKEUCHI
and Mutsumi NISHIDA
University of Tokyo Press, 2005
ISBN4-13-063325-2

まえがき

二〇世紀は「開発の世紀」であった。科学技術の進展に支えられて、世界の経済は大きく成長した。しかし、その一方で、さまざまな地球規模の環境問題が深刻化した。二一世紀は、こうした問題を克服し、人類の持続的な生存を保障する「環境の世紀」になることが期待されている。とくに、二〇世紀にその減少が加速化した生物多様性を保全し、開発により著しく傷ついた生態系の再生に取り組むことは、私たちの世代に課せられた大きな学術的課題である。

このような新たな学術的課題に取り組み、二一世紀社会の要請に応えるには、俯瞰的で統合的な視点に立つ新たな科学の確立が求められる。生物多様性を保全し、生態系を再生するためには、近代科学における要素還元主義の限界を克服し、生態系機能や生物間相互作用といった生態現象の本質を、ランドスケープから遺伝子までさまざまなスケールで見つめ直す必要がある。『生態系へのまなざし』という本書の題名は、そうした複眼的な視野で生物多様性と生態系をとらえることこそが、それらの望ましい保全や再生につながるという著者らの主張が込められている。

生物多様性の保全や生態系の再生を進めるには、伝統的な農林水産業のもとで先人が蓄積してきた経験や知恵に学ぶことが重要である。とくに、異質な生態系のつながりである里地、河川、沿岸などでは、伝統的に生態系をまたがる土地利用の仕組みができあがっていた。そうした生態系のつながりが、開発にともなう急激な土地利用変化で分断化され、個々の生息・生育場所を越えた生物の動きが妨げられたことが、生態系の不健全化の主要因の一つである。現代社会で生態系のつながりを取り戻すには、先人の経験や知恵を科学の言葉に翻訳する必要がある。

ところで、生物多様性の保全と生態系の再生を、自然再生事業として展開していくには、生態現象の複雑さ、脆弱さ、不確実さを十分考慮し、予期せぬ事態にも柔軟に対応していく「順応的管理」が大前提となる。このような順応的管理を機軸とした生物多様性保全・生態系再生に関する計画および技術の展開は焦眉の課題である。本書では、さまざまな空間スケールで、生物多様性を保全し、生態系を再生する、世界の先端的取り組みを紹介している。そのなかには、著者ら自身が率先して行った日本での取り組みの成果も数多く紹介されている。

生物多様性の保全や生態系の再生を進めるうえで必要なのが、市民、NGO、企業、行政など、さまざまな主体との協働作業である。伝統的な農林水産業が営まれていた時代と異なる現代においては、望ましい人間・自然関係を再構築するための新しい主体の参画が欠かせない。それは、同時に、フィールド環境教育の実践としても有意義である。研究者や学生は、これら目標を共有する人々と連携して協働プロジェクトを推進する。それは、現象解明と問題解決の同時追究につながり、ひいては科学と社会の距離を縮めることに貢献するであろう。

本書は、東京大学二一世紀ＣＯＥプログラム「生物多様性・生態系再生研究拠点」の研究活動の一環として企画された。拠点のリーダー・サブリーダーである著者らが、二〇〇三年一二月に開催された東京大学大学院農学生命科学研究科および財団法人農学会主催の公開セミナーで行った講演を下敷きとし、その後一年半におよぶ緊密な共同作業を経て、完成にこぎつけたものである。原稿は、たがいに徹底的に手を入れ合い、全体として統一感のある書籍になったと自負している。

本書は、多くの若手研究者の成果をふまえて執筆された。著者らは、こうした若手研究者が、生物多様性保全・生態系再生の取り組みをさらに大きく発展させる駆動力となることを期待している。本書の企画・出版に際しては、東京大学出版会編集部の光明義文さんにたいへんお世話になった。原稿完成までの緊密な共同作業ができたのは、光明さんの努力によるところが大きい。また東京大学大学院農学生命科学研究科の後藤章さんにはイラストや挿絵の作成をお願いし、北川淑子さんには原稿全般の校正をお願いした。これらの方々に心からお礼を申し上げたい。

二〇〇五年六月二七日

著者一同

生態系へのまなざし／目次

第2部　ランドスケープ――生態系を俯瞰する

第3部　生物多様性——生態系と遺伝子をつなぐ

第4部　遺伝子——多様性のみなもと

第5部　生態系の保全と再生に向けて

生態系へのまなざし

第1部　今なぜ生態系か

序　章——生物多様性と生態系

現代は地球史の特異点

地球史のスケールで自然や社会の変遷をながめれば、現代という時代は、一瞬ともいえる短い時間にすぎない。にもかかわらず、われわれが現代を特別のものと考えるのは、現代が実体験をともなって存在しているからだけではないだろう。二〇世紀から二一世紀にかけての現代は、生態系やヒトと生態系の相互関係という観点からみて、明らかに地球史上特異ともいえる特別の時代であることは疑いようもない。そのような特異性をもたらしたのは、いうまでもなく、「ホモ・サピエンス」（和名ヒト）という種の地球上での圧倒的な優占と地球生態系に対する影響力の巨大さである。

「ある空間に生きるすべての生物とその環境要素からなる一つのシステムとしての生態系」には、システムの構造や機能にとりわけ大きな影響力をもつ種や種群が含まれていることがある。それらは、ギリシャ・ローマ時代以来の西欧建築に特徴的なアーチ構造を支える楔形の「要石」にたとえて「キーストーン種」とよばれている。

ある種の草原では、その草原の状態を保つためには、大型の草食獣の採食による攪乱が不可欠である。もし、草食獣がなんらかの理由でその場所で絶滅すれば、樹木の実生が侵入して定着し、やがて草原は疎林や森林へと姿を変えるであろう。かりに草食獣がイネ科の草と樹木の芽生えを選り好みせず食べたとしても、草と木とでは採食の効果はまったく異なる。なぜなら、草本は適度に食べられることで成長や繁殖が促されるが、樹木の芽生えは食べられると枯死してしまうからである。

その効果のちがいをもたらすのは、その場所での生物間相互作用の歴史と、それにもとづく適応進化である。草食獣とイネ科の草は、おたがいに深く影響を与えながらともに進化し、草原の生態系をつくりだした。草食獣は、イネ科植物特有のプラントオパールを含む硬い草の消化に適した「臼」のような歯と、共生微生物の作用によってセルロースなどの難分解成分をも消化できる長く複雑な消化管をもつ。そして、日がな一日、草を食み、それを反芻しながら過ごすのである。

一方、イネ科の草は、地表あるいは地下に成長点をもち、食べられても食べられても、成長点からまるでわくかのようにつぎつぎと葉を再生させる。種子は葉とともに草食獣の口に入り、消化管を通過し、発芽可能な状態で糞の一部として排出される。それは、草食獣に肥料といっしょに種まきをしてもらっているに等しい。もちろん、草がなければ草原はありえないが、草食獣がいなければ草原は維持されない。人間が草食獣に代わって定期的に草刈りをすれば話は別であるが……。

草原は、草と草食動物の生物間相互作用がつくりだしたものであるが、そこには、草を食べるバッタや草食獣の糞に餌を頼る糞虫、ヒバリなどの鳥類というように、さまざまな「草原の」生物が生活する。キーストーン種は、ある特定の生態系が維持されるうえで欠くことのできない重要な種である。一方、草食獣とイネ科草本の間での「食べる―食べられる」の関係は、草原生態系を成り立たせるうえで欠くことのできない関係であり、「キーストーン生物間相互作用」ということもできる。それらがあって初めて草原の多様な種の生活が成り立つ。

キーストーン種となるには、体が大きい、個体数が多い、などの条件を満たす必要がある。体が大きい生物は、個体あたりの資源利用や老廃物の排出量も大きく、それだけ生態系への影響が大きい。体の大きさと個体数の両方において存在量が大きい種を「優占種」という。個体数が多いということは、いいかえると、ありふれているということである。体が大きければそれだけ目立つ。優占種は、ありふれていて目立つ生物ということになるが、その場において資源を独占的に利用する種でもある。

ヒトという超優占種

地球生態系における現在のヒトは、個体数が多いことと、一個体あたりの生態系への影響が大きいことの両面において、超越的な優占種である。その活動は、地球生態系の組成や状態を大きく左右する。ヒトは、現代の生態系に圧倒的な影響力をもつキーストーン種であるが、現代になってヒトによってつくりかえられた生態系の多くは持続的とはいえないものである。

それは、生物一般の進化のスピードに比べ、人間活動がもたらす生態系の変化があまりに急だからである。また、急激な変化が種個体群の分断や孤立をもたらし、結果として急速な生態系の単純化を引き起こすからである。環境変化に応じた生物の反応は適応進化か絶滅であり、適応進化が間に合わないとすれば、生物は絶滅に向かうしかない。

熱帯を起源とする「サル目」(従来の霊長目)には絶滅危惧種が多く、近年はその衰退が著しい。そのなかでヒトだけが例外であり、その個体数は産業革命以降約三〇〇年の間に約一〇倍にも増加し、現存個体数は六〇億を超えている。その分布域は、熱帯から寒帯までの広範な地域におよぶ。極地や高山域を含めて、その足跡が認められない場所は、もはや地球上に見出すことはできない。

ヒトが地球生態系におよぼす影響はきわめて大きい。地球上の大気、海洋、陸水、土壌、生物相、生物群集など、地球生態系のあらゆる要素に、ヒトの影響による大きな変化が認められる。それらの変化は、ヒトにとっても「望ましくない」環境変化であり、けっきょくはその影響がヒト自身の身に降りかかってくる。生態系は単純化してますます不安定なものとなり、ヒト個体群の存続可能性自体をも危惧しなければならない時代が訪れたのである。

ヒトのインパクトを測る

「超優占」種となったヒトの地球生態系におよぼすインパクトは、ほかの哺乳類のそれを幾桁も上まわる。その大きさを評価するには、人間活動の総体と地球の許容力を定量的に比較しなければならない。環境が生物個体群の成長に課す制約を「環境容量」とよぶが、地球の環境容量についてもなんらかの意味での定量化をすることができれば、人類社会にとっての「環境の限界」を認識しやすい。

餌や営巣場所など、生物がその生活に必要とする資源の量や供給速度には、一般に、地表面積を基準とした限界がある。地球上の生物が食するすべての餌の源ともいえる太陽の光エネルギーは、緯度によるちがいはあっても地表面積あたりの照射量が決まっている。どのような生物も生活空間が必要であるが、それも地表面に二次元的に広がる。すなわち、あらゆる生物は、地表面積が課す厳然たる制約のもとで生活しているのであり、ヒトもその例外ではない。

科学技術の進歩により、工業生産物に多くを依存した現代人の生活も、食糧をはじめ生活に必要な資源の多くは、生物生産物である。現代人は、過去の生物生産である化石燃料と、現代の生物生産である農林水産物に大きく依存して生活している。

いうまでもなく、地球における生物生産は光合成によるもので、地球の地表面に降り注ぐ太陽エネルギーの量によって制約される。したがって、生物生産に依存する人類の資源利用は、その大きさを利用面積に換算して測ることができる。すなわち、ヒトが生態的に利用している地表面積は化石燃料を含めた生物生産物を光合成によって生産するのに必要な土地面積とそれを支える道路などの基盤整備や居住空間として必要な土地面積を合計したものとなる。このように、ヒト個体群の地球環境へのインパクトの大きさは、資源利用・土地利用の面から、またそれと裏腹の関係にある、二酸化炭素などの排出ガスを含む廃棄の面から測定し、指標化することが可能である。そうした指標の一つが、

「ヒトの生態的な足跡」（エコロジカルフットプリント）とよばれるものである。

地球上における人類全体のエコロジカルフットプリントの合計は、すでに地球の表面積を二〇パーセントも超過している。ごく単純に考えれば、消費が生産を上まわり、その分を過去の生物生産に頼っているために、その差分にあたる二酸化炭素が大気に蓄積していると考えればよい。太古の昔に植物や微生物が長期間にわたり、その生産活動によって大気から隔離して、有機物としてためた炭素をごく短期間のうちに食いつぶし、二酸化炭素収支のバランスを大きく乱しているのが、現代の人類の生活である。しかし、その責任は人類全体に等しくあるとはいえない。責任の大きさは、国別の一人あたりのエコロジカルフットプリントによって定量的に把握できる。

とりわけそれが大きいのは、アメリカ合衆国の人々である。ファーストフード文化に象徴される浪費的生活によって大足化した国民一人あたりの生態的足跡は、およそ一〇ヘクタールにもおよぶ。世界中の人々がこのように大足化したとしたら、地球は何個あっても足りない。二〇パーセントの支出超過で納まっているのは、つつましく暮らしている発展途上国の人々のエコロジカルフットプリントが一ヘクタール以下だからである。ちなみに日本人も相当大足の部類に入り、そのエコロジカルフットプリントは五ヘクタール程度である。

エコロジカルフットプリントから把握できる人間活動が、地球の大きさに比して巨大化しすぎていることは明白な事実である。地球規模でも局地規模でも、大気・水・土壌の汚染や生物の大量絶滅など、人類の将来が危ぶまれる深刻な環境問題が数多く生じているその根本理由はここにある。こうした問題により、地球上における面積あたりの生物生産が大きく減少し、生産に不適な「不毛な土地」が急速に拡大している。こうした現世代が生みだした支出超過のツケを支払うのは、遠い将来の人類ではなく、子、孫、ひ孫、やしゃ孫といった直近の子孫の可能性が高い。

今や人類にとって、人口増加を抑制するとともに、エコロジカルフットプリントを身の丈に合うように縮小させることが重要な課題となっている。環境劣化にかかわるすべての問題は、いずれも根源的にはそこに起因するからである。持続可能な社会を構築できるかどうかの成功のカギは、個人や企業を含めた地域全体が、生産や暮らしのあらゆる面において、浪費的ではない豊かさをいかに選びとっていくかにかかっている。それと同時に必要なことは、過度の人間活動により、すでに損なわれた環境を積極的に回復させることである。

始まった生態系再生の取り組み

人間活動の肥大化により著しく劣化した生態系をかつての健全な状態に戻そうという発想は、一九三〇年代に、地球史上もっとも急激な生態系の健全性喪失を経験したアメリカ合衆国で生まれた。ヨーロッパ移民がアメリカ大陸に入植したのは、科学技術の発展により、すでに人類が自然に対して巨大な支配力をもつに至った後の時代であったため、その強大な破壊力をまのあたりにさせるものであった。

ナチュラリストであり生態学者としても知られ、アメリカ合衆国でもっとも影響力のある自然保護思想家の一人であったアルド・レオポルドが、「大平原の生態系の不健全化」に対して深く考察した結果として、「生態系再生」という発想が誕生した。それは、自然保護思想史に大きな転換をもたらすものでもあった。

ヨーロッパ人が入植する以前の大平原、すなわちプレーリーは、若干の森林を交えた広大な草原地帯であった。この生態系の形成に重要な役割を果したと考えられるマンモスなど超大型の哺乳動物の多くは、すでに一万年前ごろまでに絶滅してしまった。その後は、バッファロー、エルクなどの大型動物が、アメリカ先住民などとともに、草原生態系のキーストーン種としての役割を果たし、プレーリーの面影が継承されてきた。しかし、入植からわずか三百年ほどで、新たなキーストーン種ともいうべきヨーロッパ人によって、草原生態系は壊滅的な打撃を受けた。

入植にともなう開拓が進むと、プレーリーの植生が、大規模な開墾により、つぎつぎと小麦畑などの農地に転換されていった。しかし、農地が高い生産性を発揮し人々の期待に応えたのは、何十万年にもおよぶ長い大平原の歴史に比べれば、一瞬ともいえる短い期間にすぎなかった。少数の作物を広大な面積に作付けする単純化した生態系では、害虫の大発生などが起こりやすく、高い生産性は維持できなくなった。

もっと深刻なのは、農地の土壌が露出して、強い日射や風雨にさらされることにより、土壌粒子がほこりとなって巻き上がり、強風で広い範囲に飛散し、頻繁に砂塵嵐が起こったことである。開拓が始まってから短期間のうちに、大平原は「ダストボール」とよばれる砂塵嵐の常襲地帯となり、広大な農地が不毛な土地として放棄されたのである。

その結果、かつてごく普通にみられた鳥であったリョコウバトの絶滅に象徴されるさまざまな野生生物の絶滅と衰退、外来種の侵入と蔓延など、生態系の著しい劣化が引き起こされた。こうした変化に対して、たんに警鐘を発するにとどまらず、思想的、科学的に深い認識のもとに、その解決の道を探り始めたのが、アルド・レオポルドであった。彼は、生態学に裏づけられた高い見識と自然の回復に対する強い情熱をもって、生態系の再生を計画し、実践に移そうとしたのである。

アルド・レオポルドが率いるウィスコンシン大学の研究プロジェクトチームは、一九三五年、大学の実験植物園が買い上げたばかりの小規模な放棄農地において植生復元の実験を開始した。それは、明確な生態学的な計画にもとづく世界初の実験的「生態系再生」の試みであった。この試みは、その後一九八〇年代に空間スケールを拡大させて、大規模な生態系再生の取り組みとして各地で進展するレストレーションエコロジー（restoration ecology）の嚆矢となった。

二〇世紀最後の四半世紀には、先進国、途上国を問わず、世界中で生態系の不健全化が急激に進んだ。しかし、その一方で、そうした生態系の不健全化に対する問題意識も急速に高まった。その結果、世界各地で、さまざまなかたちでの自然再生が計画され、実施されるようになった。ヨーロッパでも、整備の行き過ぎた河川を蛇行させ、水辺の植生を回復させることで「再自然化」を目指す取り組みがさかんになった。

また、二〇世紀の終盤になって、人類が地球生態系にもたらした不可逆的な変化の根本的な原因に関心が寄せられるようになった。いわゆる地球環境問題への関心の高まりである。地球環境問題の根本的な解決には「持続可能性」(sustainability)の追究が不可欠である。生態系再生は、生物多様性の観点から、地球生態系、地域生態系の持続可能性を高めるために多様な面から貢献しうると考えられる。

第1章——生態系へのまなざしの変遷

1　生態学と生態系

ダーウィン——生態学の広く深い源泉

生態学の系譜を川の流れにたとえると、その最大の水源はまちがいなくダーウィンにある。広く深い水源からの流れは、一筋のものではなく、幾筋もの流れが分岐や合流を繰り返し、その最下流にある現代の生態学を豊かな水量で潤し続けているといえる。

生態学へのダーウィンの貢献は、「自然淘汰による適応進化」という、生態学におけるもっとも基本的で重要な視点の提供にとどまらない。もっとも広く読まれている著書である『種の起原』にかぎってみても、そこには現代生態学のさまざまな研究領域につながる種（タネ）がまかれている。土壌シードバンク、植生遷移、生物間相互作用と群集、植物の生活史の進化、動物およびヒトの行動などがそうである。このように、生態系および自然と人間のかかわりの理解に欠かせない豊かな洞察のいくつもの源泉を見出すことができる。

ダーウィンの時代には、遺伝子という概念はいまだ生まれていなかった。にもかかわらず、進化に関して現代の生態学が扱っている幅広い領域の主要な課題を提起していることは驚嘆すべきことである。ダーウィンは、生態と進化に関するさまざまな科学的な考察に先鞭をつけたという意味で、生態学の祖としてゆるぎない地位を占めている。

エルンスト・ヘッケルが一八六六年に提案した「生態学」（ecology）という名称も、ダーウィンの強い影響のもとに名づけられたものである。すなわちヘッケルは、生態学を「生物と環境との間の関係に関する包括的な科学」と定義した。

ダーウィンは、植物も動物も、そして人間すらも研究の対象とした。そして、個体の生理や形態、種・個体群、生物群集と環境の関係、生物間の相互作用などについて、幅広く考究を進めた。当時は、生態系という言葉も、生物群集という言葉もなかった。しかし、その著作をみると、ダーウィンが、すでに生物群集と環境の関係について考察を深めていたことがわかる。そこには、ダーウィンが、たんなる要素の集合ではなく「関係性」が重要な意味をもつシステム、すなわち「生態系」を明瞭にイメージしていたことを読みとることができる。

ダーウィンが示した「関係性」への深い関心と、対象へのアプローチの「総合性」は、自然科学が還元主義的な性向を強めていくにつれて、やがて切り捨てられるようになった。しかし、地球環境問題に対する国際的、社会的な関心が高まり、また、生態学が科学として成熟期を迎えた二〇世紀最後の四半世紀ごろから、ふたたび光があてられるようになり、今日では生態学の中枢的なテーマともなっている。

模範は物理学の時代

生態学が生まれ育った時代は、自然科学が物理学を模範としてしだいに要素還元主義的な傾向を強めていった時代でもあった。それにともない、幅広い領域を一人の研究者が扱うことはむずかしくなっていった。一方、科学者はアマチュアからの差別化を図るために、限定された研究対象の深く鋭い理解によって専門性を誇示することが求められた。これが、専門化にともなう科学の細分化である。自然科学は、関係を紡いで理解を広げるのではなく、複雑な関係を切り捨て、問題を純化させ、また単純化させる方向へと発展した。

生態学のなかでも専門分化が進んだ。扱う対象に応じて、生態学は植物生態学と動物生態学に大別されるようになった。英国生態学会の初代会長であったタンスレーは、植物生態学の重要な基礎をつくった。彼は、生態学を「植物と外部環境の関係、および植物どうしの関係の科学」ととらえた。それに対し、動物生態学の発展に寄与したエルトンは、「おもに動物の社会学あるいは経済学とよびうるものに主要な関心をおく」科学としての生態学をアピールした。

しかし、扱う対象のちがいが明確にされたにせよ、初期の指導的な研究者の二人が、生態学においていずれも「関係とそれがつくるシステム」を重視していたことは幸運なことであった。なぜなら、そのような共通の認識が底流にあったからこそ、その後別々に発展した植物生態学と動物生態学が相互に浸透して、二〇世紀なかばすぎには一つの生態学として統一されることになったのである。

アメリカ合衆国のクレメンツが提唱していた遷移説もまた、初期の植物生態学にきわめて大きな影響を与えた。それは、植物個体の成長過程と同様に、植生も決まった道筋をたどって遷移して、あるべき植生の姿というべき「相」に到達するという見方である。クレメンツは、同じ場所の種の集合を「生物群集」(community)という言葉で表現した。しかし、種の集合を超有機体とみなす見方に加え、このような擬人的な用語法も、物理学を範として自然科学の革新が目指された時代には、いかにも時代遅れで非科学的な印象を与えるものであった。

これに対し、対象を可能なかぎり物理的に扱うことを重視したタンスレーは、「群集」に代わる用語として「生態系」を提案した。生態系は、「生物群集とその無生物的環境を含んだシステム」と定義された。生態系の研究は、タンスレーの意図にたがわず、エネルギーフローや元素循環などに焦点がおかれるようになった。生態系の測定に関しても、生物の個別性は捨象され、バイオマス(乾質量)や熱量など、純粋に物理的な尺度で測れるものに限定された。このようにして、生態系の研究では、一次生産、食物網、生物地球科学的サイクルなど、その空間的なスケールを問わず、物理量による測定とモデル化が重視されることとなった。

通常、生態系へのエネルギーの流入は、光合成による太陽光の光エネルギーの化学エネルギーへの転換に始まる。それは植物による物質生産、すなわち一次生産である。もっぱらその過程を研究する植物の生理生態学分野は、生態学の「物理学化」の優等生ともいえる研究領域であった。この分野の中心をなす植物体の構造と機能の物理学ともいう「物質生産生態学」においては、日本の研究者も顕著な業績をあげた。その嚆矢としての先駆的な業績が「門司・佐伯理論」とよばれるものである。

それは、葉層を通過する光の減衰パターンを吸光係数という物理量で表現し、層別の葉面積と利用可能な光から葉層別の光合成を算出し、それを積分して群落光合成を推算するものであった。個葉の光合成特性と、植物群落における高さ別の光の測定データもしくは推定から、高さ別葉層の生産を積み上げて、群落全体の生産の推算を可能とした。

その後、個葉レベルから群落レベルまで、光合成および蒸散と植物の成長や各器官への物質分配などにかかわるさまざまな物理現象を、エネルギーとバイオマスで記述する数理モデルが開発され、またモデルと関連させた測定がさかんに行われた。その結果、「物質生産生態学」という一つの体系が確立し、作物学や林学など、単一の植物が整然と植えられて栽培される人工生態系を対象とする分野の発展に大きく貢献した。

生態系の物理モデル化は、動物におもな関心をおく研究分野でも進められた。生態系におけるエネルギーと物質のフローと循環を箱と矢印を用いて表現するモデルは、エルトンの提案によるものである。エルトンは、食物連鎖、生態的地位、数の生態系ピラミッドなど、生態系の機能を理解するうえで重要な基礎的概念を提案した。

その潮流を受け継いだオダムは、植物が光エネルギーを化学エネルギーとして生態系に取り入れ、有機物を介して消費者、分解者へと伝えるエネルギーの流れと、呼吸によってエネルギーが熱として散逸する流れを矢印で示し、フローの大きさを矢印の太さで表した。この図式は、日本の高校教科書などでよくみかけるものである。このような手法によって、生態系はエネルギーと質量で定量化できる比較的単純な物理系に還元された。こうした手法の開発に触発されて、一九六〇年代から七〇年代にかけて、世界中のさまざまな生態系において、一次生産と主要なエネルギーフローの測定が行われた。

2 ダイナミックな生態系

遷移説の見直し

クレメンツの遷移説は、決められたプロセスを経て「遷移」が進行し、「極相」とよばれる「決まった種の組み合わせからなる群落」に行き着くとするものである。この説は、一時期、生態学の一世を風靡した。しかし、長期にわたる植生の変遷の実態が花粉分析によって明らかにされると、急速にその支持を失うこととなった。

花粉分析が過去の植生を推定するために使われるのは、二つの理由からである。一つは、花粉は外側に堅い殻をもっているため、湖沼などの堆積物中では長期にわたって分解されず残存する。また一つは、そのかたちや殻の模様などから種や属などの同定が可能である（図1・1）。そのため堆積物の各層の年代を炭素の同位体比で推定し、各層中の花粉を同定し、その種類別の構成比を明らかにすることによって、その地域の植生の変遷を推定することができるのである。

北アメリカにおいて、湖の堆積物の分析によって過去数万年間の植生の変遷が解明された。その結果、同じ群落を構成している種であっても、氷河の後退にともなう植生発達の過程において、それぞれが独自の振る舞いをしたことが明らかになった。

この結果は、「遷移はその場の諸条件により個別的に起こる」と主張したグレアソンなどの「個別説」に軍配を上げるものであった。極相とよばれてきた遷移の後期の安定相も、究極の「あるべき植生の姿」ではなく、種の独自の動きと生物間相互作用を反映した一時的な種の集合にすぎないとして相対化されたのである。すなわち、生態系は、偶然の影響を強く受け、変動性の大きいダイナミックなシステムとしてとらえるべきとする見方が一般的になったのである。

そのようなダイナミックな生態系観においては、「攪乱」という概念が重視される。植物生態学では、攪乱は「植物体あるいはその一部を破壊する作用」と定義される。また、より一般的に「群集に

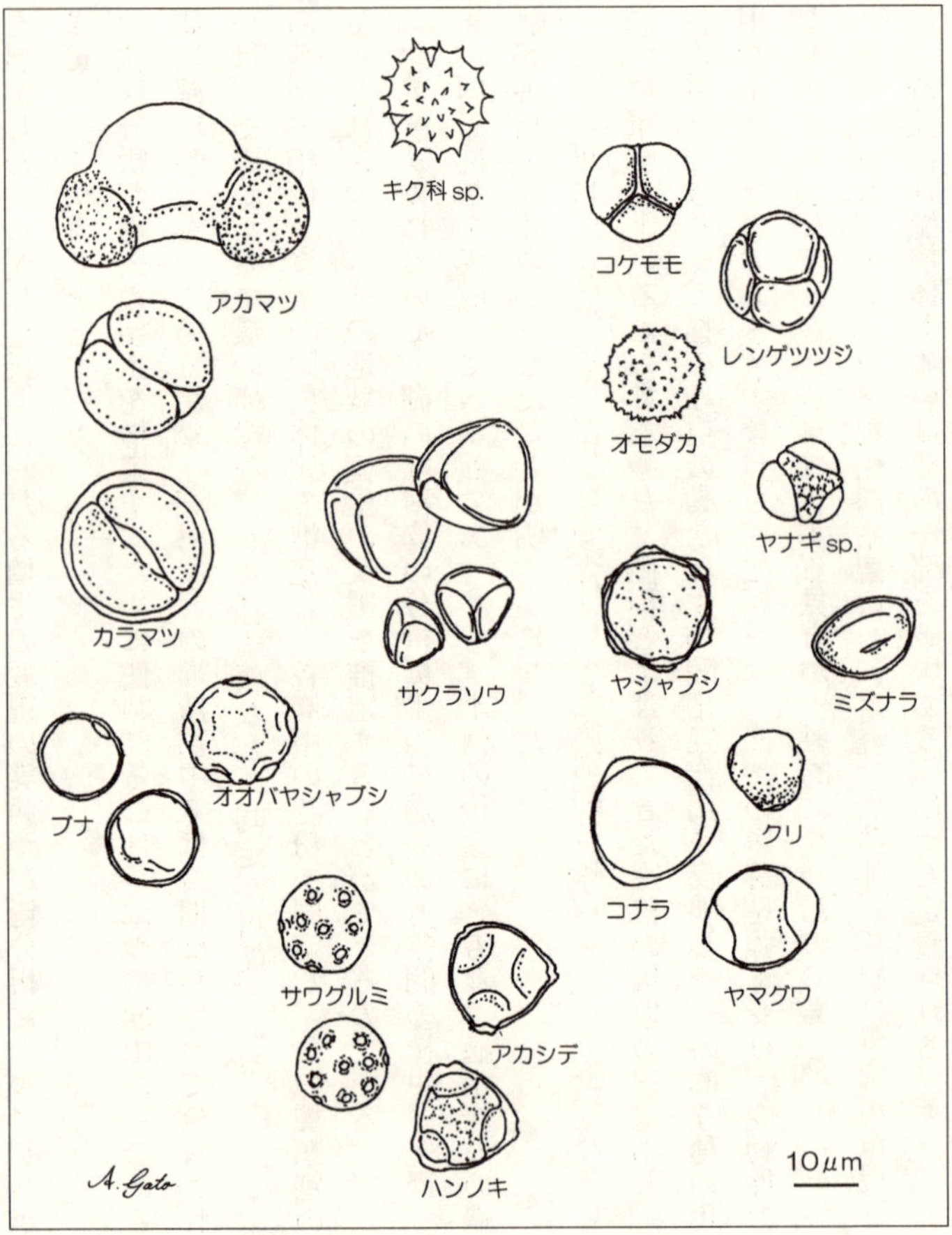

図 1.1 さまざまな植物の花粉
かたちや模様に特徴がある.

おける共有資源の急激な放出と再配分」あるいは「遷移からの復帰」などと定義されることもある。攪乱は、その場で資源を独占している優占種に対して、選択的に負の影響をおよぼし、植生の隙間ともいえる明るい立地であるギャップを形成したり、独占されていた共有資源を解放することで、ダイナミックな動きを惹起するものである。

空間的にも不均一な生態系

時間的な変動に加えて、一九七〇年代からは、生態系の空間的な不均一さが強く意識されるようになった。とくに、森林や草原など陸域の生態系の動態研究において、ギャップダイナミクス、パッチダイナミクス、シフティングモザイク、ミクロサイトなどといった用語が頻繁に用いられるようになった。

いっけん同じようにみえる森林や草原も、その内部では、攪乱によってさまざまな不均一性がもたらされている。攪乱によってつくられる「ギャップ」（植生の隙間）は、まわりの植物の成長あるいは種子や栄養体の移入によってしだいに植生で覆われる。

森林では、山火事や地滑りなどの規模の大きいものから、樹木の風倒などによる規模の小さいものまで、ときおりどこかにギャップがつくられている。それゆえ、森林は、大小多様な攪乱が起こってからの経過時間が異なる多くの異質な「パッチ」（小領域）の集合であるともいえる。森林は、このように多様なパッチから成り立つモザイクである。同時に、そうしたパッチ自体が時間とともにその性質を変えていく動的なモザイクでもある。パッチダイナミクスという言葉は、そのようなパッチの動態を、シフティングモザイクという言葉は、そのようにパッチが移り変わっていくモザイクであるというイメージを伝えるものである。

このように、森林は攪乱を受けた時期が異なるさまざまな「遷移」段階の植生パッチの集まりとしてとらえられる。それぞれのパッチは、攪乱直後の草本植物が茂る明るいギャップであったり、高木層に達する前に各種の樹木が成長を競い合う場であったり、優占する陰樹が繁って暗い林床をつくっていたりと多様である。そのようなパッチごとに異なる環境の多様性は、樹種や草本植物の多様性をもたらす。

草原では、森林よりもはるかにスケールの小さい空間的な不均一性が生じている。たとえば、冬季に土壌が凍結して春季に融解することや、巣穴をつくる哺乳動物の活動によって生じる土壌表面の凸凹などが、土壌水分条件の異なる微小スケールでのセーフサイト、すなわち芽生えの生育に適したミクロサイトをつくりだす。その結果として、草原における植物の多様性や植生のダイナミズムが生まれるのである。光条件や水分条件の不均一性はミクロサイトを提供する。それぞれのミクロサイトでは、そこに発芽し、芽生えの定着が可能な植物の種類が変わるので、結果として、生育場所全体の植物の多様性も大きくなる。

このような、本質的に変動や不均一性をともなう現象を、平均値のような単一の代表値により理解し、予測することには大きな限界がある。平均値から離れてはいるが稀には起こるできごとが、個体群や生態系の動態に大きな影響をおよぼしうるからである。そのような動態は、平均値だけをみて予測した場合とは大きく異なることもある。生態系は、変動と不均一性に大きく支配されており、それらのメカニズムの解明が生態系の理解には欠かせないという認識が一般的になってきた。

一九七〇年代の終わりごろからは、生理生態学においても、環境の時間的変動や空間的な不均一性に対する植物の反応が重視されるようになった。植物は、動物と異なり生活場所が空間的に限定されている。地に根を張っていて「動くことのできない」植物が、環境の変動や不均一性にどのように対処するかという問題は、動物の行動にも匹敵する「戦略」（適応進化によって形成・維持される形質）として研究されるようになった。そのなかで注目されたのが、「可塑性」ないしは「順化」という用語で表現される戦略である。

一方で、環境の時間的変動や空間的な不均一性が、個体群内の遺伝的変異をいかに維持させるかといった問題にも、理論的な関心が寄せられるようになった。すなわち、時間と場所によって淘汰圧が変化するような環境の変動が、個体群のなかで遺伝的な変異を維持させるための重要な要因として認識されるようになったのである。

生態系のレジームシフト

生態系のダイナミックな性格が注目されるようになったのは、陸域生態系にとどまらない。比較的均質な環境の広がりとしてとらえられる水域においても、生態系のダイナミズムが重視されるようになった。とくに水域においては、生態系への人為的な干渉にともなう、不連続な生態系の反応や跳躍的な現象に注目が集まるようになった。

水域や沿岸域では、肥料、畜産廃棄物、養殖における餌の過剰投与など、一次産業の近代化がもたらす淡水生態系や沿岸生態系の富栄養化が進んでいる。それが、ほかの要因とも相まって、浅い湖などの生態系の深刻な不健全化をもたらしている。こうした事態を改善するために、生態系を修復する試みが始まっている。

不健全化した生態系を修復するための研究を通じて、水域の生態系は、富栄養化に対して線形に応答するものではないことが明らかにされた。富栄養化がある限界を超えると、突然相転移が起こり、対策によって栄養塩濃度を減少させても、もとの状態には戻らない。すなわち、水草が豊かで水の透明度の高い相から、水草がなく、一次生産者としては植物プランクトンが優占する湖、すなわち、アオコが発生するような濁った湖への変化である。生態系にみられるこのような相転移は、一般的にはレジームシフトあるいはカタストロフィックシフト（第7章一四二ページ参照）とよばれ、生態系の不健全化の様式を示すものとして、つぎに述べる生態系の安定性・復帰性とともに、重要な関心がもたれるようになっている。

生態系の安定性・復帰性

地球環境問題に代表されるような深刻な環境問題に人類が直面するようになった今日、生態系の安定性に大きな関心が寄せられている。生態系の安定性は、地球環境の持続可能性を保障する生態系の健全性につながる重要な要素だからである。安定性は、二つの要因から把握できる。すなわち、外からの変化を促す力（外力）を受けた場合に、外力に抗して変化を押しとどめる「抵抗性」と、変化してもすばやくもとに戻る「復帰性」の二つである。レジームシフトは、復帰可能な範囲を超えて生態系が変化することによってもたらされるものである。

害虫の発生などに対する生態系の安定性に対しては、樹種の多様性や種内の遺伝的変異などが「抵抗性」を生みだし、大きな被害を防ぐうえで重要な要因となることもある。しかし、攪乱のような生態系に作用する外力は、いったんはギャップ形成などの顕著な変化をもたらしてしまう。したがって、そうした変化に対抗して、生態系に安定性をもたらす要因は「復帰性」であるということになる。

たとえ攪乱によって大きな変化がもたらされても、復帰性に富んだ生態系であれば、早晩、攪乱を受ける前と同様の姿に戻る。しかし、復帰性が乏しければ、そこは、荒れ地や不毛な裸地の状態にとどまり、なかなか森林や草原などもとの状態には戻らない。とくに森林の復帰性においては、それを構成している個々の植物の性質とともに、森林内の植物がどのような状態におかれているかも重要である。

たとえば、頻繁に起こる野火に適応した森林生態系では、マメ科植物やカバノキ科ハンノキ属の植物が優占する。それは、火事の最中に窒素分が高熱で気化し、土壌の貧栄養化がもたらされても、それらの陽樹が、植生回復の初期の段階で共生微生物の働きにより窒素固定することで、土壌がふたたび肥沃になり、ほかの樹木の成長が促されるからである。それらの陽樹は、発達した森林においては目立たない存在であるが、わずかにでもそれらが林内に生育しているかどうかが、森林の山火事に対する復帰性を左右する。そのため、材木として価値の高い樹木だけからなる植林地は、多様な樹種からなる天然林に比べると、復帰性からみた安定性ははるかに劣る。それは植林地が、「非常時に重要な機能を担う」要素を欠いているためである。

非平衡のシステム

生態学で扱う系は、いずれも非常に複雑なものである。その複雑さには二つの要因がある。すなわち、多数の要素間の複雑な相互作用に依存する本来の複雑性と、変動性の高いシステムであることによる動的複雑性の二つである。動的に複雑なシステムは、いくつもの異なる平衡状態をもつ。カタストロフィックシフトは、異なる平衡状態への変化を意味するレジームシフトのうち、もたらされた平衡状態が、そこでの生産や暮らしなどの人間活動にとって厳しいものである場合をいう。

さらに、これに加えて、現実の生態系が平衡状態にあると考えてもよいかどうか、という問題もある。個体群にしても、生態系にしても、はたしてそれらが、多くの生態学のモデルが仮定するような平衡状態に達しているのだろうか。現在では、むしろ、そうみなすことはむずかしいという認識が広がりつつある。

たとえば、私たちの目の前にあるいわゆる「極相林」は、動的平衡状態にあるといえるのだろうか。

それは遷移の後期に現れた相として、人為から免れていれば比較的安定なものであることは確かであろう。しかし、動的なものであってもそれが平衡状態に達しているかどうかを判断するには、優占種となっている樹種がその場でどのくらいの世代を重ねているかを一つの目安としなければならない。平衡状態に達するには、その場で多くの世代を重ねることが必要だからである。

ところが、世界に稀な古い森林の一つといわれるカリフォルニアのレッドウッドの老齢林ですら、せいぜい百世代くらいしか経過していないことが明らかになっている。そのような少ない世代数では、レッドウッドの密度が動的平衡に達していると考えるのはむずかしい。日本の天然林についても、せいぜい数千年程度の継続性を確認できるにすぎない。気候変動によってゆっくりと変化する途上にある森林に、過去の人間活動の影響がさまざまなかたちで影響をおよぼしているのが現実の森林の姿であり、それは平衡に達した「あるべき姿」からは程遠い。

このように考えていくと、「平衡に達した」「安定した」といった、モデルで仮定される要件を備えた生態系は、現実の世界には存在しないということになる。もちろん、現実の生態系の対照として、そのような平衡状態の生態系を理論的に想定することは有意義である。しかし、現実の生態系は、異なるタイムスケールで生起する多様な変動にさらされて揺れ動く、複雑で個別的な存在であり、その予測には、つねに不確実性がともなうということを忘れてはならない。

しかも、その動態を決めるうえで重要なカギ要素となる生物は、後に述べるように、生物に進化をもたらす絶えまない環境変化に身を任せている。このように、生態系はつねに変化する歴史的存在としての一面をもつシステムであることを認識することが、現実の生態系の真の姿をとらえるためにはとくに重要であるといえる。

3 生態系をとらえ直す

さまざまな生態系

先に述べたように、「生態系」は、同じ場所で生活する多様な生物とその物理的な環境からなるシステムである。すなわち生態系という言葉は、生活空間を共有する生物の集合である生物群集に、それらの生物の活動に影響をおよぼす非生物的な環境要素を加えたシステム全体を指す専門用語である。一方で「生態系」という言葉は、日常的にも頻繁に使われている。その場合、生態系は、ひとまとまりの森林、草原、湿原、サンゴ礁、洞穴、湖、河川など、「生息・生育場所」すなわち「ハビタット」程度の空間的な広がりをもち、見た目にも同じような植生が認められる空間の範囲を指していることが多い。

しかし、生態系において、どの程度の規模の空間スケールを取り上げるかは任意である。小さな水たまりや一枚の落ち葉にみられる生態系、あるいはフラスコやシャーレのなかに生態学者が意図してつくりだした少数の種からなる生態系などは、空間スケールが小さく、時間的な持続性の短い、小規模な生態系の例である。

それに対して、流域の生態系や里山の生態系などは、相互に作用し合う複数の異なるタイプの人間生活が営まれる生息・生育場所を含む地域規模のシステムである。こうした空間スケールの生態系は、ランドスケープレベルの生態系としてとらえられる。第4章でくわしく述べられるように、そこでは、人間活動が生態系の構成要素や動態を大きく支配する。また、そこでは、生態系の空間パターンやプロセスが重視される。

さらに大きな空間スケールの生態系は、大陸規模から地球規模で生物現象やパターンをとらえた「バイオーム」である。地球上の異なる地域には、気候・地形・地質などの物理的環境条件に応じて、さまざまな生態系が存在する。バイオームは、気候帯に対応させた生態系区分である。バイオームを相観、すなわち外観で特徴づけているのは、その気候帯に優占する植物である。

バイオームは、植物の相観で区分され、優占する植物に応じて、森林や草原といった名称でよばれる。バイオームを特徴づけるおもな気候要素は、気温と降水量である。バイオームは、気候システムに対応する植生パターンの単位であり、日本列島では、暖温帯の照葉樹林、冷温帯の夏緑樹林、寒帯の常緑針葉樹林などが主要なバイオームである。バイオームよりもさらに空間スケールの大きいものは、地球上にすむすべての生物とその物理的環境である地球からなる地球生態系である。

生態系という概念を提案したタンスレーが、エネルギーの流れや物質の循環など、物理的にとらえることのできる機能面を重視していたことはすでに述べた。そのため、生態系の生態学といえば、生産者としての植物、消費者としての動物、および分解者である微生物の間のエネルギーやバイオマスからみた関係を記述する研究分野ということになる。

生態系生態学の典型的な記述は、以下のようなものである。「生産者はエネルギーの生態系への取り込みや有機物の合成を通じてすべての生物の生命を支えるだけではなく、すみ場所、隠れ場所、繁殖の場などを提供することによって動物の生活の基盤をつくり、また、菌類・細菌など分解者の生活を成り立たせる」。ここにおいて、生産者が分類学的にどのような植物で構成されているかといったことはまったく斟酌されない。エネルギーや生産の流れ、物質循環など物理的な単位で測定・記述できる機能のみに関心がおかれているのである。

また、生態学の理論が扱う生態系は、極度に抽象化された生態系である。それは比較的少数の要素とそれらの関係を記述するルールとから成り立つ。いいかえると、それは、現実の生態系から、研究者が関心をもつなんらかの特性だけを取り出したごく単純な仮想システムである。

このように、生態系の定義そのものは非常にわかりやすいが、それを具体的なものとしてイメージし、実際の研究対象として扱うようになると、そのとらえ方が、研究分野によって大きく異なってくる。したがって、生態系の性質や動態を十分理解し、予測につなげていくためには、問題の性格に応じて適切なアプローチをとることが必要となる。

関係性の復権

生態系を含む自然の理解は、豊かな相互作用の理解によってなされるべきであると考え、自らその研究に専念したのはダーウィンである。しかし、自然科学全体は、その後、要素還元主義に依拠して発展した。たとえば、現実の世界ではたがいにさまざまなかかわり合いのなかで生きている植物と動物は、生態学の発展期には、植物生態学、動物生態学として別々に研究された。独自に歩みを進めた動物生態学と植物生態学が共通の領域を確立させたのは、先に述べたように一九八〇年代以降、生物間相互作用の研究がさかんになってからである。

ダーウィンは、著書『種の起原』の最後のパラグラフで、つぎのように記した。「多様な種類の多様な植物、茂みでさえずる鳥たち、飛び回る多様な昆虫によって織りなされる複雑に絡まり合った世界についてあれこれ考えることは興味深い。……あまりにも複雑な様式で依存し合うこれらの精巧な様式が、すべてが私たちのまわりで作用している法則によって成り立っている……」。

それらの法則の研究は、長い間、生態学の本流にはなりえなかった。しかし、一九八〇年代に入り、植物と昆虫、鳥、哺乳類などとの拮抗的、共生的関係に関して、さまざまなアプローチによる研究が華々しく展開されるようになった。これには、複雑さの解析に必要な計算手段が飛躍的に発達したことも一因として考えられる。こうした研究の結果、エネルギーが流れ、物質が循環するという物理システムとしての生態系のイメージとは趣を異にする、「生身の身体を媒介とした生物間の相互関係で結ばれたシステムとしての生態系」というイメージが、生態学のなかで徐々に明瞭なかたちをとるようになってきたのである(図1・2)。

生物間相互作用とそれがつくりだすシステムへの理解は、自然誌としては興味深いが、実用には役立たないと思われがちである。しかし、生態系を持続可能なかたちで管理していくためには欠かすことができない本質的な理解にもつながるものである。たとえば、植物とその花粉を運ぶ動物がつくる共生系である送粉共生系(第2章四三ページ参照)の理解は、絶滅危惧種の保全に欠かせない一方で、ある種の種実作物の確実な生産にも寄与する。また、植物とその種子を運ぶ動物がつくる種子分散共生系の研究は、自然の力を活かした森林再生を考えるうえでの基礎となる。

一方で、生態系管理に関する応用的な研究の現場からも、異なる生態系間の関係について本質的な理解の深化をもたらす事実が明らかにされるようになった。河川を介した陸域生態系と沿岸生態系の関係は、その例である。河川は、水の流れを通じて物質と生物を往来させ、陸域と沿岸域の生態系を結んでいる。陸域の生態系における人間活動の影響は河川を介して沿岸域にも伝えられる。その結果、ときには、思いもよらないような影響が沿岸域で引き起こされることがある。流域の土地利用の変化がもたらす沿岸域のプランクトン相の変化による赤潮の発生は、そのような影響の一つであると考えられている。

ミシシッピー川河口付近の大陸棚においては、今世紀を通じたミシシッピー川流域の土地利用の変化による影響で、海水における珪素/可溶性無機窒素の比がおよそ三対一から一対一へと変化した。

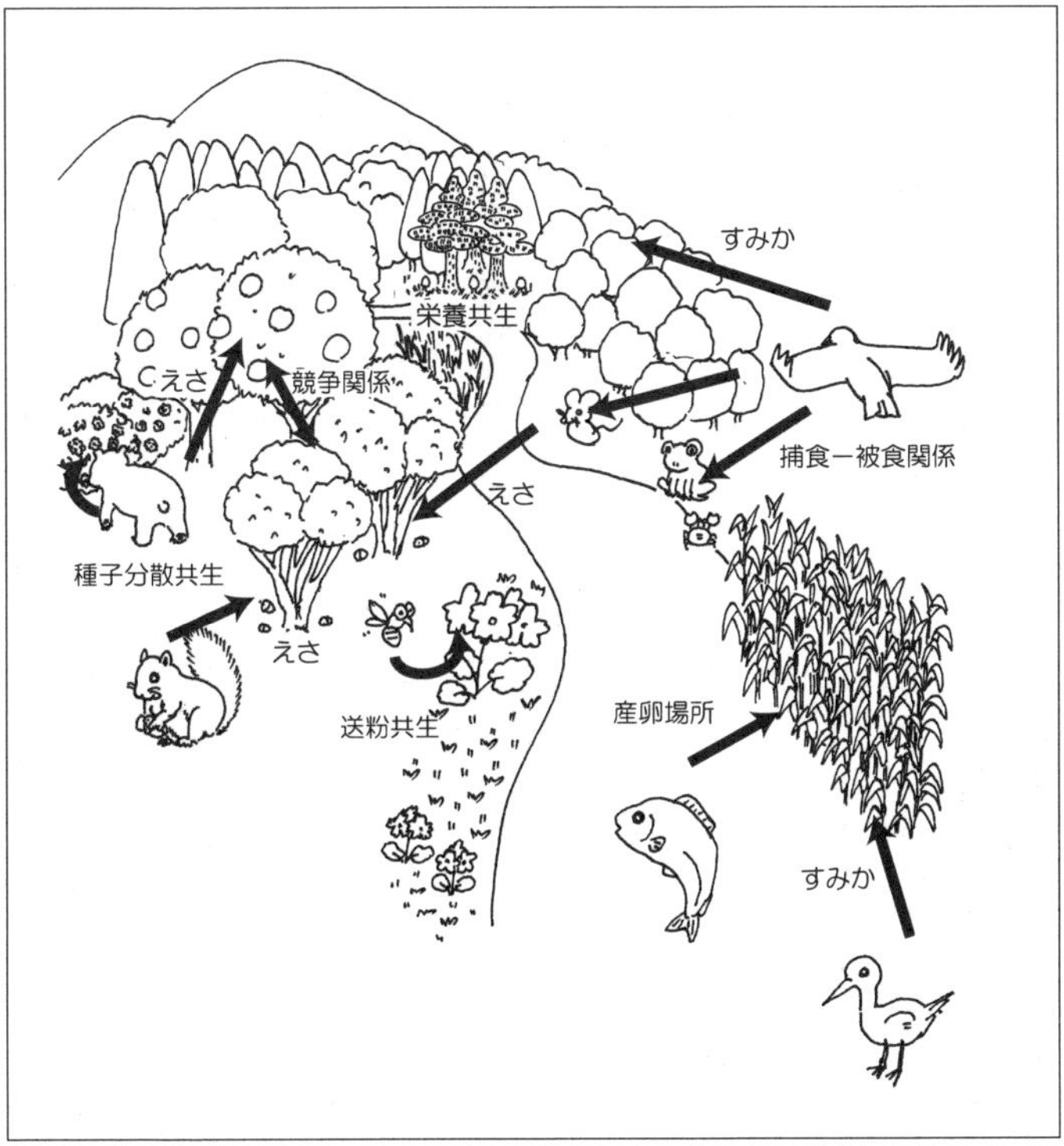

図 1.2 生物間相互作用によって結ばれた生態系

珪藻類は、その外殻の形成に珪酸を必要とする。そのため、その生育は、海水中の珪素と可溶性無機窒素の比率に大きく左右される。その増殖は、珪素／可溶性無機窒素比が低下して一対一に近づくと珪素による制限を強く受けるといわれている。ミシシッピー川では、これまでのように生産者としての珪藻とそれを捕食するカイアシ類の優占する食物網から、赤潮の原因となる植物プランクトンが圧倒的に優占する食物網への変化が起こった。それは、沿岸生態系の健全性を大きく損なう結果となった。このような沿岸生態系の変化が生じたのは、流域の土地利用変化の影響を受けて、河川の水質が珪素に比して可溶性無機窒素分の多い水質へと大きく変化したためである。

変化に対する個体群の反応

大きな環境の変動に対する個体群の対応は、適応進化か絶滅かの二者択一となる。すなわち、個体群の成長を妨げ、死亡率を増加させ、繁殖率を低下させるといった「適応度」(個体が残す子の数で表す次世代への貢献度) にマイナスの効果をもたらす環境変動は、個体群を進化させたり、滅亡に向かわせたりするのである。

こうした個体群に対し、従来の研究では、個体を大きさや齢などによって分類することはあっても、それ以外の性質については個体を等質なものとみなすことが一般的であった。しかし、それでは現実に起こる現象を十分に再現できないことがわかってきた。それぞれの個体は遺伝的に異なり、また、それが環境から受ける影響も異なるのが一般的である。そのような遺伝的な変異や環境からの影響は、個体群の適応進化や絶滅の可能性に大きく影響する。

　個体群が豊富な遺伝的な変異をもっていれば、環境の変動にも対処しやすい。そのような種個体群が集まった群集では、局所的な種の絶滅が起こる可能性は小さいため、群集の種組成も比較的安定したものとして維持される。また、群集を構成する種の適応進化は、一方で、生態系の性質に大きな影響を与えると考えられている。

　ところが、遺伝的な多様性が小さければ、局所的な種の絶滅によって群集の組成が単純化し、生態系は不安定なものとなる。同一の種のしかも遺伝的に同一なクローン樹木ばかりが生育する植林地などが、天然林と比べて病害虫の被害を受けやすいのは、遺伝的な多様性や「個体の質」の幅が乏しいためである。

第2章——生物多様性と生態系の危機

1　もう一つのキーワード——生物多様性

生物多様性条約と生物多様性

現在の人類がかかえる生態的な赤字経済を大幅に改善し、人類社会の持続可能性を確保するために国際的な規模での取り組みが推進されつつある。一九九二年にブラジルのリオデジャネイロで開催された「環境と開発に関する国連会議」(いわゆる地球サミット)では、気候変動枠組み条約と並んで、生物多様性条約(United Nations Convention on Biological Diversity)が採択された。

気候変動枠組み条約は、生態学的な支出超過の帰結ともいえる地球温暖化に対処するためのものである。二酸化炭素濃度という明瞭な指標を用いて目標を表現することができるため、社会に対して比較的明確な行動規範を提示することができる。

それに対して、生物多様性条約は、人間活動の影響を生物多様性の維持可能な範囲内にとどめ、生態系要素の不可逆的な喪失の防止を目指そうとするものである。ここにおいて生物多様性は、「種内の多様性、種の多様性、生態系の多様性からなる生命のあらゆる変異性」と定義される。このような生物多様性を保全し、持続的に利用し、失われた生態系を再生するのが、生物多様性条約の目標である。

生物多様性条約では、数値的な目標をあげることがむずかしいだけでなく、具体的な目標がだれにとっても明瞭であるとはいいがたい。しかし、生物多様性の保全・持続的利用・再生という目標の曖昧さや指標選択のむずかしさは、生物多様性や生態系そのものの本質的な特質に起因している。だからこそ、子孫代々にわたる物心ともに豊かで幸せな暮らしを保障するには、単純な指標や数値にはとうてい縮約しきれない、豊かな内容を包含する生物多様性の保全が必要なのである。

生物多様性条約には、二〇〇五年五月現在、およそ一九〇カ国が加盟している。日本は条約が採択された直後に加盟しており、この条約が求めている生物多様性保全の取り組みをさまざまなかたちで進めている。生物多様性条約における「生物多様性」の定義についてはすでに簡単にふれたが、条約に即してもう一度確認しておこう。

まず「生物多様性」とは、「……すべての生物（陸上生態系、海洋その他の水界生態系、これらが複合した生態系、その他の生息または生育の場のいかんを問わない）の間の変異性をいうものとし、種内の多様性、種間の多様性、および生態系の多様性を含む……」とされている。「種内の多様性」は種内の遺伝子の多様性である。種の多様性は、分類学的な種の多様性のことである。

生物多様性条約では、生態系をつぎのように定義している。すなわち「生態系」とは、「植物、動物および微生物の群集とこれらを取り巻く非生物的な環境とが相互に作用して一つの機能的な単位を成す動的な複合体」である。条約で採用された生態系の定義は、生態学における定義そのものである。「植物・動物および微生物の群集」とは、「ある空間においてそこに生きているすべての生き物の集合」であり、それを取り巻く無生物的な環境をも含むシステムが生態系ということになる。

生物多様性と生態系の包み合う関係

生物多様性と生態系は、一方が他方をたがいに含んだ「包み合う関係」にある。生態系は、生物多様性の一部である多様な種を構成要素としてもつと同時に、生物多様性は、その概念に生態系の多様性も含むものとして定義されているからである。

森林や草原では、多様な種が相互にさまざまな関係を結びつつ、生活を営んでいる。それらの種の集まりが生物群集である。生物群集とそれに影響を与える非生物的な環境要素が生態系を構成している。生態系は、さまざまな空間スケールでとらえられるが、ランドスケープのレベル（第2部参照）では、自然林、二次林、植林、草原、畑地、水田といった生態系が考えられる。これらが、生態系の多様性として認識されるものである。そのような空間スケールでの生態系は、きわめて多くの多様な生物を含む複雑なシステムとしてとらえられる。

ランドスケープより下位の生物学的階層にある多様性は、「種の多様性」である。「分類学的な種」は、「生物分類学の単位」であり、おもに形態のちがいによって把握される生物の種類である。一方、「生物学的な種」は、「遺伝子のプールを共有する個体の集合」と定義されている。分類学的な種と生物学的な種とは必ずしも一致しない。分類学的な種のなかに、いくつもの生物学的な種が存在することもある。集団遺伝学の理論的な考察には、後者が有用であるが、実際に生物学的種を構成する個体の範囲を特定することは容易ではない。

「種の多様性」という場合の「種」は、図鑑などにより把握できる「分類学的な種の多様性」を指す。すなわち、見た目にもはっきりしたちがいがある生物の種類の多様性が、種の多様性であるといえる。種は、それぞれの分類群ごとに、分類学の専門家によって記載されている。しかし、昆虫などの無脊椎動物や微生物については、私たちがすでに科学的に把握している種は現存する種のごく一部でしかない。これらの種が、地球上にどのくらい多く存在しているかは不明である。

生物多様性概念においてもっともミクロな生物学的階層にある「遺伝子の多様性」は、個性といってもよい「種内の個体の多様性」である。ヒトが一人一人、生まれつき顔、身体、性格などにちがいがあるように、ほかの生物種にも個体間には遺伝的な変異がある。

サクラソウの花をよくみると、まるでヒトの顔のように個性的で、さまざまな花の顔がある（図

図 **2. 1** 種内の多様性——サクラソウの花の顔いろいろ

２・１）。個体ごとの遺伝的なちがいだけでなく、種内の個体群間にも遺伝的なちがいが認められる。地理的な変異として把握できるちがいも認められる。サクラソウの場合、北海道の個体群と中部地方の個体群とは遺伝的に異なる。また、中国地方や九州の個体群に、それぞれ遺伝的に区別できる特徴がある。それらすべてを含めたものが、種内の多様性、すなわち遺伝子の多様性とよばれるものである。

生物間相互作用と生物多様性

すでに述べたように、科学が物理学を規範として再編成された二〇世紀の初期に生まれた生態系の概念は、もともと物理学的な視点やアプローチの指向と結びついていた。そのため、かつての生態系の生態学では、エネルギーの流れ、物質の循環、生物生産などの機能面に焦点があてられて研究が進められていた。

しかし今日では、生態系を「種間の生物間相互作用で網状に結ばれたシステム」ととらえる見方がしだいにクローズアップされてきた。要素と要素間の関係の動的な集合であるシステムでは、「関係」の数は、要素の数に比べてときには桁ちがいに多い。生物間相互作用の研究は、最近になってようやく生態学研究のなかで市民権を得るに至った。

生物多様性の保全や生態系の修復・再生といった自然と共生するための積極的な人間活動においても、生態系の構成要素としての個別の種とその生活に目を向ける必要がある。それぞれの種の生活を理解するには、生態系を構成するほかの生物や非生物的環境など、さまざまな要素の影響や環境の作用にもとづく関係性を十分把握しなければならない。

生物間相互作用がもたらす効果は、生き死に、繁殖の成否などといった一次的、短期的なものにかぎらない。より重要なのは、形態、生理、行動などのさまざまな特性を進化させる「淘汰圧」になることである。私たちの目を楽しませる花は、そのかたちのみならず、色も香りも、また咲き方もきわめて多様性が高い。こうした多様性は、花粉を媒介する昆虫など動物との生物間相互作用を淘汰圧とした進化の結果である。色、かたち、実る季節などにみられる果実の多様性は、種子を媒介する動物や、風、水などの物理的な媒体との関係性によって生みだされたものである。

生物間相互作用を淘汰圧として、個体の形質になんらかの変化が起これば、それは関係性にも影響をおよぼし、ついには淘汰圧自体に変化をもたらす。変化した淘汰圧にもとづき、さらなる変化が起こることで、生物間相互作用はかかわり合う生物を無限に変化させる。

花粉を運ぶ昆虫と花の関係、果実を食べて種子を運ぶ動物と植物の関係のように、かかわり合う双方が利益を受けるような関係は「共生関係」とよばれる（図2・2）。共生関係には、樹木と菌類の間のたがいに足りない栄養を補い合う「栄養共生」や、樹木からすみかと餌を与えられ食害者や樹木に巻きつくツル植物などから樹木を防衛するアリとの間の「防衛共生」もある。より一般的な生物間の相互作用は、「食べる—食べられる」の関係、寄生関係、競争関係のように、かかわり合う双方ないしは一方が不利益を受ける「拮抗関係」である。

栄養共生系
（菌類ー樹木）
防衛共生系
（アリー樹木）
送粉共生系
（花を咲かせる植物ー花粉を運ぶ動物）
種子分散共生系
（種子植物ー実を食べ種子を運ぶ動物）

図 **2. 2** 生物の共生関係

生物間相互作用は、生態系の機能にとって重要な役割を果たしている。その一方で、種の絶滅は、生物間の関係を介して生態系全体に連鎖的に広がっていく。人間活動の影響が、種や種間の関係にどのようにおよぶか、また、それによって淘汰圧がどのように変化し、新たな形質がどのように進化していくか。生物多様性の保全や自然再生の取り組みでは、そうした評価や予測が欠かせない。

ヒトも生態系に網の目のように張り巡らされた生物間の相互作用のなかで、多様なほかの生物とさまざまな関係をもちながら生活してきた。伝統的な農業生態系や田園生態系では、ヒトがもたらす適度な撹乱が、生物多様性を維持するうえで重要な役割を果たしてきた。ヒトは、多様な生物との間に「拮抗関係」と「共生関係」をともに結ぶ地球生態系のキーストーン種である。時代とともに、人間活動の影響は質的にも量的にも拡大し、今では、生物多様性に大きな負の影響を与える存在となっている。

2　現代の生物多様性の危機とは

現代の絶滅の特徴

生物多様性という言葉は、それ自体が、現代の高い絶滅リスクを意識してつくられた用語である。

人間活動の急激な拡大によって、地域に固有な生物の生息・生育場所はつぎつぎと失われ、それとともに多くの種が絶滅の危機にさらされている。絶滅に至らないまでも残された個体群はかぎられ、種内の遺伝的変異が失われつつある種も少なくない。生物多様性の危機とは、このような地球規模で引き起こされている「生命の危機」である。

地球上に現存する生物の種数が何種であるかは、正確には答えることができない。昆虫などの無脊椎動物や微生物については、種を記載するための研究を待たずに、猛烈なスピードで絶滅が進行しているからである。脊椎動物や維管束植物など、比較的よく目立つ生物の場合は、おおよその現存種数が把握されている。とくに、哺乳類や鳥類では、絶滅が危惧される種の比率も比較的正確に把握されている。

鳥類については、人間活動が原因で絶滅したとされる種の割合は、ドードーやリョコウバトなど、現生鳥類の四分の一にものぼる。国際自然保護連合（ＩＵＣＮ）が二〇〇四年に発表したレッドリスト（絶滅の危険のある種のリスト）によると、現在の絶滅リスクは、両生類では現生種の三分の一弱、哺乳類ではほぼ四分の一である。霊長類では、すでに二分の一が絶滅危惧種となっている。こうした絶滅リスクや絶滅そのものをもたらした直接・間接の原因は、生息場所の破壊や分断化、乱獲、人為的に導入された外来生物の影響、汚染などの人間活動である。

地球史にみられる大気候変動など地球規模の環境変動に応じた種の絶滅と絶滅リスクとを比較しても、現生生物のそれが非常に高いレベルにあることは明らかである。これは、現代が地球の生命史において特異な意味をもつことを浮き彫りにしている。

このような比較をする場合、この地球上では、ときに大絶滅の時代をともないながらも、時代を経るにつれて生物多様性は豊かとなり、種、属、科の数などの分類群が増加してきたことをふまえておく必要がある。古生代には、現生生物にみられるボディプランの多様性はほぼ出そろっている。しかし、科の増加は、属やさらに著しく増加した種の数に比べるとそれほど大きなものではない。古い時代の絶滅は、科の数で評価されるが、わずかの数の種で科が構成されていた時代には、それほど多くはない数の種の絶滅が科の絶滅をもたらしていた。古い時代ほど種の絶滅が科の絶滅をもたらしやすかったのである。

科の消失のパーセンテージでみると、古生代末や中生代末の生物の絶滅は、現在のそれをしのぐという印象を与えがちである。しかし、種の絶滅で評価すれば、現代の絶滅ほどすさまじい勢いの絶滅は生命の歴史上なかったものと考えられる。

絶滅どころか蔓延する種

それでは、現代の絶滅を免れて生き残り、繁栄する種とはどのような種なのだろうか。かつての大絶滅からの回復を担った種がどのようなものであるかを手がかりにして考えてみると、つぎのようにいえるだろう。

農地、植林地、人工草地、都市などの人間活動が強く支配する生態系とそこで生じる攪乱や富栄養化・汚染などに適応した種は、すでにコスモポリタンとして分布を拡大し、世界各地で「外来種問題」を引き起こしている。そのような種は、絶滅の可能性が少ないどころか、絶滅によってほかの種が抜け落ち、資源を巡る種間競争が緩和された生態系において圧倒的な優占を誇るようになる。そのなかには、さらに単純で汚染された環境への適応性を高めるように進化していくものもあるだろう。

　こうしたコスモポリタン種の繁栄は、人間活動にさまざまな障害をもたらすと考えられる。現代の大絶滅時代を乗り越え、むしろ勢力を拡大していくのは、雑草や害虫、家畜・作物・ヒトに寄生する病原生物など、私たちにとっては厄介な生物ばかりだからである。

　そのような回復相から広範な多様性がふたたび進化するには、一千万年以上のはるかに長い時間を要することが、これまでの生命史をみると明らかである。それゆえ、現代の大絶滅がこのまま進行した場合、人類は、生物多様性の恵みを十分に受けることなく、「厄介な」生物との戦いに、地球に人類が現れてから今日までに過ごしてきた以上の時間を費やさなければならないだろう。

　大量絶滅と外来種の蔓延という現代の人類がその大きな責任を課せられるべき事態がさらに進むことは、あまりにも大きなツケを後の世代に残すことになる。その影響は、もし、人類が存続できたとしても、ホモ・サピエンスがこれまでこの地球で過ごしてきた時間の何十倍、何百倍もの間、続くことになるのである。適応進化は世代時間が短いほど速いスピードで起こる。人間がつくりだした環境に適応する生物は世代時間が短く、環境変化に対処して蔓延しやすい。消えゆく野生生物の多くは世代時間が長く、適応進化によって環境変化に対応することがむずかしい。

大きな動物が去り、増えたのはスライム

カリブ海といえば、青い海に明るい太陽というイメージが浮かぶ。その青い海の生態系は、比較的よく研究されている。現在の生態系は、かつての生態系とは大きくかけ離れたものになっていることが明らかにされている。人間活動の影響で、ウミガメ類やアザラシなどの大型の動物が失われてしまった。それらの動物は、多くの餌を食べることで、生態系の構造を維持するキーストーン種であった。

それらが減少し、代わってこの海の生態系を特徴づけるようになったのはスライムであるという。富栄養化し、有機物がたまった海の底は、ベタベタ、ネバネバした生物の天下となっている。カリブ海が一千万年にわたって維持してきた生態系と今の生態系は似ても似つかないものである。カリブ海の生態系の科学的研究が始まったのは、すでに変質が最後の段階に入りつつあったときであり、保全のための努力が始まったのはごく最近のことである。このように変質してしまった生態系の健全さを取り戻すには、まずは、大型動物が完全に絶滅してしまわないようにすることが重要であろう。

大型で寿命の長い動物の絶滅は、ホモ・サピエンスがほかの生物とは異なる環境操作能力を身につけて以来、繰り返し起こってきたできごとである。数万年前から一万年前に起こった草原の大型哺乳類の大量絶滅は、気候変動とともに、狩猟の能力を高めたヒトの影響が原因として疑われている（図2・3）。そして、ヒトの影響がさらに拡大して、かつてはヒトと生活場所をすみわけていた深い森の奥にすむ動物にも絶滅の危機が高まっているのが現代である。

図 **2. 3** 1万年ほど前までに絶滅した草原の大型哺乳類

科学的な検討にもとづいて、種の絶滅を防ぎ、侵略的な種の蔓延を抑えることは、後の世代の人々が自然の恵みを享受しながら自然と共生する生活を営むために不可欠である。さもなければ、人々は自然の恵みを十分に得られないばかりか、厄介な生物との確執に終始する生活を余儀なくさせられる。同時に、種の絶滅や遺伝的多様性の減少を防ぐことは、今後の種分化を含めた生物進化の可能性を守ることにもつながるのである。

第3章——求められる生態系の科学

1　問題解明のための科学

生態系のとらえ方

生物と環境の間の物質・エネルギー循環に重点をおく生態系生態学に対して、本書が、生態系のより多様な機能と生物間相互作用を重視すべきだとの立場をとっていることはすでに述べた。このような立場からの生態系の科学が求められるのは、生物現象を本来どのように理解すべきかという問題とも深く関係している。

自然科学は、自然現象をいくつかの数値化可能な物理的要素に還元し、その計量的解析を通じて、現象のメカニズムを解明してきた。自然現象をいくつかの物理的要素の説明関数でうまく表現できれば、現象解明の説得力が高まると同時に、その成果の普遍性は非常に高くなる。それにより、場所や時間、または対象物が異なっても、自然現象が同様に説明できる。それが、自然現象についての膨大な自然科学的知見を体系的に整理することにつながる。

生態学でも、生態系をエネルギーの流れや物質の循環としてとらえる立場は、基本的にそのような自然科学の原理を踏襲したものにほかならない。しかし、それだけで生態現象がとらえられるのであろうか。複雑な生態系をとらえるには、計量的解析が容易な物理的要素に限定することなく、生物と環境、および生物間相互の関係を現実に起こっている生態現象そのものから広く学ぶことが必須である。生態系機能や生物間関係には、必ずしも物理的要素の説明関数で表現しきれない「関係性」が含まれているのである。

もちろん、生態学も、自然科学の一翼を担うものであり、現象解明の普遍性を追究すべきであることや、計量的解析を重要視するべきことはいうまでもない。しかし、それだけでは複雑でしかも歴史性をもつ生態現象は十分には理解できず、むしろ本質を見過ごしてしまう危険性がある。生態現象には、場所や時間、対象物によって異なる地史的な背景、遺伝的な特性、地域的な変異、偶発的な攪乱などが深くかかわっている。それらを捨象して計量化可能な物的要素だけで生態系モデルの普遍性を高めただけでは、生態系の本質をとらえたことにはならないのである。

生物主体と生態系

すなわち、生態系の理解は、生物の生息とその環境における「関係性」を普遍性と特異性の両面から把握していくことで深められる。とくに後者は、生物多様性とその保全の本質と深くかかわっている。ある生態機能を発揮する生物がなぜそこに存在しているかという説明と、なぜそれがある特定の生物であったのかについての説明は、異なっている。そして特定の生物の「かけがえのなさ」こそが、生物多様性を維持する必要性をもたらす根拠であり、それは、生態系のなかでかりに見かけ上、同等の機能を発揮する生物であっても補うことではできない価値なのである。

生態系、種、遺伝子が多様であることは、それらがさまざまな原因によって、特異的にある場所に存在することを意味する。生態系を、そのような特異性の面から理解しようとすると、定量的、定性的両面でさまざまな現象の解明が必要である。特異性を尊重しつつ、関係性を理解することを目指せば、分析すべき対象はあまりにも膨大なものとなる。そこで現実的には、特定の遺伝的特性をもつ個別の個体群に分析対象を限定し、それらと関係の深いほかの生物との関係、それらの生息・生育を支える非生物的環境との関係などについて詳細な検討を進めるというアプローチをとる。

このようなアプローチは、便宜的な手法としてのみ意味をもつものではない。それは「主体―環境系」というとらえ方の本質とも深くかかわる。すなわち、生物を取り巻く環境は、たんなる物理的環境ではなく、主体となる生物にとって意味をもつ環境要素の総和としてとらえられなければならない。

特定の種の特定の個体群など、具体的な対象を主体として取り上げることによって、生態系における関係性を、要素還元的なアプローチにとどまらない生態学にふさわしいかたちでとらえることができる。

フィールド科学の重要性

生態系の機能的関係を、普遍性と特異性の両面から理解するためには、生態系に関するさまざまな解析の前提となるフィールド研究が欠かせない。現実の生態現象をフィールド調査によって克明に記録し、研究者自らが生態現象を熟知することが、「関係性」を理解するうえでの「科学的勘」を養い、計量化の可能性と限界をわきまえながら、解析に臨むことを可能にするからである。

もちろんフィールド研究においても調査結果の普遍化へ向けて努力を怠るべきでないことはいうまでもない。フィールド調査によって得られるデータを解析し、いくつかの指標要素の組み合わせにより生態現象がある程度まで説明できれば、それら指標要素の広域的広がりをとらえることで、調査結果を広域に拡大していくことができる。逆に、広域的にとらえることが可能な、気候分布、地形分布、土壌分布、植生分布などは、すでに地図情報として整備されており、それらを用いて生態系をマクロに分類し、分類された地域でフィールド調査を行うことによって、フィールド自体の普遍的特性を十分理解しつつ、調査を行うことが可能となる。

また、近年発達の著しいGPS（全球座標システム）、GIS（地理情報システム）、リモートセン

図 3. 1 フィールドを核とした専門家の協働

シングなどの遠隔計測技術は、フィールド調査結果の普遍化を図るために有効な技術的手段である。しかし、生態現象には、生態系における種構成のような、それらの手段では把握できない定性的な特性が数多く含まれていることも十分に理解しておく必要がある。そうした特性の広域分布を把握するためには、広域的なフィールド調査に頼らざるをえない。

いずれにしても、フィールド研究では、注目する生態現象以外のもろもろの現実が横たわっており、それらも無視できない。細分化された研究手法だけでは、現象の全体像が理解できないことも、しばしばである。そこで有効なのが、さまざまな専門家から構成されるチームによるフィールド調査である。とくに地球環境問題として深刻化している生物多様性の減少などの実態とその原因をフィールド調査で解明しようとすれば、生態学の研究者以外に、人間活動の面からの対象の解析を得意とする社会科学の研究者を含む多くの専門家の参画が望まれる（図3・1）。

2　問題解決の科学

現象解明と問題解決の同時追究

私たちは、大規模開発など近年の人為の過度なインパクトによって、刻々劣悪化しつつある生態系の現象を扱っている。生態系を、純粋に現象として把握しようとする場合でも、その深刻な劣悪化の現実から目をそらすことはできない。それは生態系を構成する種や遺伝子の問題を扱う場合にも同様である。とくに、絶滅危惧種の問題を扱う際は、問題は深刻である。

生物多様性の減少を含む地球環境問題の深刻化は、このような観点からも、問題解決のための従来型の科学的アプローチに再考を迫るものである。すなわち、現象の客観的解明を待って、問題の解決に乗りだす段階的アプローチから、現象解明と問題解決を同時に追究する同時的アプローチへの変更が求められる。こうしたアプローチの変更は、問題解決への強い意思を表明することで、現象解明への取り組みの意欲も増進するという相乗効果をもたらしうる。

問題は、現象解明が不十分であるにもかかわらず、問題解決に乗りだすことを社会がどこまで受容するかである。とくに人為起源による環境変化現象の制御を考える場合には、環境変化現象の発生メカニズムの解明が十分進んでいなければ、変化予測の不確実性も高いものとなり、結果として環境変化を制御することの有効性が十分には保証できない。それでも、対策を講じ、もしそれが効果的でないことが判明したとしても社会が許容するかどうかというむずかしい問題がある。しかし、生物多様性の要素のようにその喪失が不可逆的な変化をもたらす対象に対しては、同時的アプローチが問題解決の唯一の手段である。

現代社会では、科学といえども社会に対する説明責任（アカンタビリティ）を有していると考えなければならない。不確実性を内在させた政策が許容されるのは、それを行うことを社会が容認する場合である。したがって、現象解明と問題解決の同時追究の際には、科学的知見の現状についての積極的情報開示と、それを用いた対策の現時点での合理性について、十分納得のできる説明が欠かせない。

生態系の変化予測

無配慮な利用・開発や管理の放棄などによる短期的で局地的な生態系の変化、砂漠化や地球温暖化などによる長期的で広域的な生態系の変化のいずれについても、その変化予測は容易ではない。しかし、人為的・自然的要因と生態系変化の関係の解析にもとづき、これまでの傾向が続いたと仮定した場合の生態系変化を、現況からのトレンドとして予測することは可能であるだろう。

しかし、生態系の変化で特徴的なのは、ある段階を過ぎるといっきょに大きな変化を遂げるということである。進行遷移とよばれる局所的な植生変化も、直線的ではなく、段階的に途中相に変化し、やがて安定相へと向かう。逆に、退行遷移でも、ある段階を過ぎると、まったく様相の異なる初期相へと退行するのである。そうした退行は、しばしば土地条件の変化をともなって不可逆的に起こる。これが、カタストロフィックシフトをもたらすメカニズムの一つでもある。

こうした質的な生態系の急激な変化を予測することはなににも増して重要である。この場合、数値的にすべての変化現象を説明できないことも多い。そのとき、定性的な予測が重要な意味をもつ。そうした予測は、生態系に関する深い知見と、現象に対する継続的な観察によって、初めて可能となる。フィールド科学の重要性は、こうした観点からも指摘できる。

生態系の保全と再生

生態系の変化予測をふまえて、生態系の保全・再生の対策を講じることが、現象解明と同時に問題解決を目指す「生態系の科学」には必要である。すなわち、研究対象としての生態系の劣化や、逆に粗放化が急激に進んでいる状況では、個々の研究者が、現象解明を行うと同時に問題解決に向けての取り組みを、同時並行的に行う必要がある。その際、現象解明で得られた最新の知見にもとづきながらも、生態系には未知の事象が多いことを自覚し、試行錯誤をおそれず、一方で自然から謙虚に学ぶ姿勢を堅持する必要がある。

生態系の保全は、現実に存在する生態系を動的に維持することを意味する。もしその生態系の動態が自然的攪乱のみで維持されている場合には、人為を排除し、生態系を保護するのが妥当である。これは、自然保護地域や国立公園の特別保護地区などでみられる生態系保護の考え方である。しかし、人間活動が生態系の主要なプロセスとなり、自然的攪乱とともにある種の人為的攪乱が生態系を支えている場合には、人為的攪乱を続けることが生態系の保全につながる。人為的攪乱は質・量ともに社会や文化の変容にともない変化するが、それでもなおかつ生物多様性を保全し、生態系の健全性を保つための適正な人為的攪乱を維持する方策を見出していかなくてはならない。その場合、順応的管理(adaptive management)の原則にもとづき、生態系の変化をよく見極めながら、望ましい人為的攪乱のあり方を検討していく必要がある。

一方、生態系の劣悪化が進んだ今日では、残された生態系を保全するだけでは不十分であるとの考えが強まってきた。むしろ、積極的に生態系の再生を行うべきとの気運が高まってきた。最初は、ビオトープのような小規模なものであったのが、大規模な面積におよぶ生態系再生への取り組みが始められるようになり、また、生態系のネットワーク化を通じて、地域全体の生態系の量的・質的向上を図るという試みもさかんになってきた。

しかし、こうした生態系再生には、科学的知見にもとづく慎重な取り組みが不可欠である。生物多様性への配慮を欠く安易な湿地の造成や植林による事業を、自然再生事業とみなす問題例もないとはいえない。自然再生事業を、生態系再生とよぶにふさわしいものにするためには、生態系を再生する場の非生物的基盤としての気候条件、地形・水循環などの土地条件に留意し、それらの条件にふさわしい生態系の再生を目指す必要がある。また再生の過程では、安易な緑化は避け、在来種の地域の材料を尊重し、地域の生物群の遺伝的特質を損なわないように配慮しつつ、自然自身の回復力を活かした、再生手法を採用すべきである。

生態系再生にもっともふさわしい場所は、生態系ネットワークという観点からみれば、生態学的回廊の連続性が損なわれ、分断化が進んでいる場所である。同じ面積の生態系再生の試みであっても、そうした場所が選ばれれば、地域の生態系ネットワークの再生にも貢献し、生物生息空間としてのランドスケープの質的向上を図ることができる。こうした分断解消による生態系ネットワークの質的向上の効果は、人工化が進む都市においてもっとも高く、また圃場整備や人工林化が進む農村部でも高い効果が見込まれるものと考えられる。

3　参加と協働の科学

参加の必要性

生態系の保全や再生には、市民の参加が欠かせない。生態系が特定地域での保護対象にとどまっている段階では、公的機関が生態系保護に責任をもつという体制がとられていた。自然保護地や国立公園では、これまで国や地方公共団体の主導によって保護政策が進められてきた。このような地域においても、近年は観光などによる開発圧力が高まっており、自然を積極的に保護していくうえで、地域住民や、そこを訪れる観光客の理解や協力が重要になってきている。

一方、ヒトの日常の営みの場ともなっている生態系の保全においては、地域住民やさまざまな主体の生態系保全への関与が必須となる。それは、そのような生態系は民有地にあることが多いということに加え、それぞれの時代の社会経済条件に対応した人為的撹乱のシステムを持続させせなければならないからである。とくに農村ランドスケープでは、伝統的に農業を通じて人間が自然とかかわり、それが生物多様性の高い生態系の維持につながってきた。このような人為的撹乱を、燃料革命により薪炭林利用がすたれ、また農業の近代化が進んだ今日、どのように維持し続けるのかは大きな問題となっている。そこで期待されるのが、農林家以外の参加主体をも巻き込んだ市民参加による管理の継続、あるいは新しいニーズにもとづく新たな管理の実施である。

こうした参加は、それを通じて生態系の維持機構を体験的に理解することにつながり、たんに自然をながめているだけでは得られない貴重な自然体験となり、また環境教育としての効果も高い（図3・2）。とくに、樹林管理、農業活動などへの参加は、それを通じて、人為的攪乱の必要性を実感することにつながる。参加は、また人間を含む生きものの命の尊さを実感し、人格の形成や情操教育の観点からも有意義であると考えられる。

参加は、生態系再生においても期待されるものである。生態系再生には、劣化した生態系を修復する場合と、地域からシステムとして消滅した生態系を再生する場合とがある。とくに専門的な知識が必要とされるのが、後者の場合である。いかに、地学的、生物学的に必然性の高い生態系を再生できるのかが問われる。一方、そのような生態系再生を支えるのは市民の理解と参加によるところが大きい。ここにおいて研究者と市民・行政・企業の協働による生態系再生が重要となる。

協働の科学

このような協働は、生態系の現象解明においても必要なことである。とくに絶滅危惧種など生態系の劣悪化を敏感に反映する種の分布をくまなく調べることは、かぎられた専門家だけでは不可能であ

図 3.2 霞ヶ浦で再生された自然を調べる専門家と市民たち（撮影：後藤章）

る。アマチュアの自然愛好家を含めた広範な自然観察の積み重ねが貴重なデータとなる。こうしたデータを系統的、時系列的に収集するために、山梨県富士吉田市にある環境省生物多様性センターでは、全国レベルの植生分布や動植物分布などについての全国調査を実施している。こうした調査には、専門家のほか、多くの市民が参加している。

このようにして収集されるデータは、データ公開により生息環境が脅かされる危険性のある希少種の詳細な位置情報を除いて、原則公開とし、研究者のみならず市民を含むあらゆる主体が活用可能とすべきである。これは、水平型社会におけるネットワーク構築の原則でもある。同時に、調査結果や研究成果の共有についても可能なかぎり進めていくことにより、複雑系としての生態系の総合的理解と、その保全・再生施策につなげていくことが期待される。

第2部　ランドスケープ――生態系を俯瞰する

第4章——ランドスケープと生態系

1　ランドスケープエコロジーの見方

ランドスケープエコロジーとは

「ランドスケープエコロジー」(landscape ecology) は、「ランドスケープ」と「エコロジー」という二つの研究領域を融合させて、一つの研究分野とするために生みだされた言葉である。ランドスケープは、日本では一般に「景観」と訳されている。それゆえ、ランドスケープエコロジーを「景観生態学」という研究者も多い。日本と同じ漢字文化圏である中国でも、そのようによばれている。しかし、本書では、あえてランドスケープエコロジーという言葉を、そのままの表記で使っていこうと思う。

なぜそうしたほうがよいと考えるのか。それは、日本で「景観」というと、ただちにイメージされるのは、美しい風景や町並みといったものだからである。確かに「ランドスケープ」という概念が生まれた中部ヨーロッパでも、美しい風景は人間と自然の望ましいかかわりによってもたらされたものと考えられている。しかし、ランドスケープの本質は、そうした美しい風景の背後にある人間・自然関係そのものにある。その本質が日本で「景観」といったとたんに抜け落ちてしまい、視覚的な側面のみが取り上げられてしまうことが多い。それゆえ、本書では、「コンピュータ」のように、今や世界共通語として定着しつつある「ランドスケープ」という表現をそのまま使い、それとエコロジーをあわせて、ランドスケープエコロジーとよびたいと思う。

ランドスケープを主たる研究対象にした生態学、すなわちランドスケープエコロジーは、最近では、生物多様性や生態系の保全・再生を考える際の一つの重要な学術的基礎を提供している。とくに、近年の地球規模での生物多様性や生態系の危機は、人間と自然の良好な関係が崩れ去ったことに起因している。すなわち、人間が自然を大規模に破壊する、逆に人間が伝統的な管理によって維持してきた自然を放置するといった、両者のかかわりの変容である。人間・自然関係のあり方を追究するランドスケープエコロジーは、そうした関係性の崩壊の実態を明らかにするとともに、関係性を再構築する道筋を示すことに貢献する。

生物多様性の危機を克服するための生物多様性条約にのっとって、日本では「生物多様性国家戦略」が策定されている（第2章参照）。この国家戦略では、生物多様性に三つの危機があると述べている。一つめは、開発により自然そのものがなくなってしまうという危機。二つめは、逆に里山が荒廃するなど人間活動の縮小や生活スタイルの変化にともなって生ずる危機。三つめは、移入種（外来種）や化学物質がもち込まれることによってもたらされる新たな危機である。

こうした危機は、人間生活から離れた原生的な自然や、逆に人間の力が支配的な都市よりも、人間と自然が長い時間をかけて共存してきた農村ランドスケープ（rural landscape）で、より深刻なものとなっている。とくに二つめの危機は、日本において現在の農村がかかえている社会的な問題とも符合する。これらをふまえると、農村ランドスケープ再生こそが、じつは生態系再生のカギを握っているともいえる。そこで、本編では、とくに農村ランドスケープに焦点をあて、都市における生態系再生の一環としての「都市の田園化」をも視野に入れながら、人間・自然関係の現状と今後のあり方について考察を進め、ランドスケープレベルの生態系再生を考えていくことにしたい。

ランドスケープエコロジーの提唱

「ランドスケープエコロジー」という研究分野は、ドイツのボン大学で教鞭をとっていた地理学者のカール・トロールが、一九三八年に提唱したものである。トロールは、湿潤熱帯をはじめとする世界各地を訪れて「自然誌」をまとめた、フィールド科学の先達である。彼は、細分化が急速に進む近代科学では、研究が進めば進むほど研究内容は深まるが、横のつながりは失われ、つながりを失えば失うほど、研究そのものが自然の全体像の理解から遠ざかっていくことを憂えた。そこで、自然の全体像の理解から出発する研究方法論の確立が必要であることを唱えたのである。

今日、環境問題が深刻化している背景には、個別科学や個別技術が横のつながりを失い、一つの技術がある目的には適合していても、その適用によって派生する問題には適合せず、結果として意図しない問題に遭遇し、その解決手法を見出せないといった「近代科学の限界」ともいえる現状がある。カール・トロールは、そのような事態の深刻化を予知していたかのように、近代科学のもつ限界を克服しようとして、ランドスケープエコロジーという新分野を提唱したのである。

近年、日本学術会議などでも、科学技術分野において、個別の研究分野を横断して、俯瞰的立場から研究を進めていくことの重要性が指摘されている。カール・トロールは、そのような俯瞰的なアプローチの重要性を、すでに戦前から訴えていたのである。彼は、ランドスケープという地理学の概念と、生態学的アプローチを有機的に結合させることで、俯瞰的な研究が行えると考えた。そうした考え方にもとづいた研究分野だからこそ、生物多様性や生態系の危機が叫ばれている今日、ランドスケープエコロジーが、そうした問題をとらえ、解決するための手がかりとして期待されるのである。

ランドスケープエコロジーの発展

ランドスケープエコロジーの研究は、一九六〇年代にはドイツを中心とするヨーロッパの地理学分野で大きく発展した。とくに、第二次世界大戦を契機として空中写真が軍事目的で多用されるようになり、それが戦後、自然条件や土地利用をとらえるために活用されるようになった。空中写真の普及により、文字どおり俯瞰的に地域の地形や植生の分布などをとらえられるようになったのである。その結果、自然条件が類似した地域の面的広がりを表現した自然地域区分図が、東西ドイツで作成されるようになった。それぞれの自然地域には、地域特有の生態系が、人間の影響のもとに存在する。したがって、自然地域ごとに地域の生態系をとらえ、利用、保全などの参考とするのは、合理的な方法であるといえる。

一九七〇年代に入ると、ランドスケープエコロジーの考え方を、「ランドスケーププランニング」とよばれる計画手法に活用しようという動きが、緑地学分野で広まってきた。ランドスケーププランニングも「景観計画」といいかえると、視覚的な側面の強い計画との誤解を受けるおそれがある。しかし、ランドスケープエコロジーを基礎としたランドスケーププランニングでは、地域の人間・自然関係を生態学的にとらえ、その関係のあり方を提言することに主目的がおかれる。ランドスケーププランニングは、地域の自然や文化を尊重し、その保全と再生を図るための空間計画手法である。美しい風景は、いわばそうした保全と再生の結果として生みだされるものであると考えるべきである。

一九八〇年代に入ると、ランドスケープエコロジーの考え方がアメリカ合衆国を中心とした北アメリカの生態学に導入されることになる。生物の生態研究に特化していた生態学に、地域概念や人間・自然関係をもち込んだことは、生態学そのものにも大きな影響を与えることになった。今日では、ランドスケープエコロジーは生態学の重要な分野の一つになっている。特定の地域を対象に、主として過去一万年前以降のランドスケープの動態を解析するランドスケープエコロジーは、地域の生物多様性や生態系への理解を深めると同時に、地域の生物多様性を保全し、再生するための重要な基礎資料を提供している。

さて、一九九二年の地球サミットを契機として、国際連合により「生物多様性条約」が採択され、地球上の生物多様性を守るためのさまざまな取り組みが、国際的に進められている。この生物多様性条約では、遺伝子から生態系までの、さまざまな生物レベルにおいて、生物多様性の保全に取り組んでいく必要があることを指摘している。ランドスケープエコロジーは、そのもっとも高次のランドスケープレベルにおいて、生物多様性と生態系の現状をとらえ、その保全と再生に貢献していくことを主眼としている。

2　時空間スケールで生態系をとらえる

風景画にみるランドスケープの考え方

「ランドスケープ」という言葉は、もともと地域の人間・自然関係を表現するものであった。この言葉が、風景の意味合いを強めたのは、オランダやフランドルの画家たちの作品名に使われるようになったからである。彼らによって、「風景画」（ランドスケープペインティング）という独特の画法が生みだされた。その絵に表現されているものは、多くが農村におけるいきいきとした人間の営みである。彼らの作品によって、ランドスケープが、風景という意味合いを強めながら、欧米諸国に広がっていったのである。

こうした風景画の代表的な画家の一人がピーター・ブリューゲル（父）である。図4・1は、「月歴画」とよばれる彼の代表的な作品群の一つであり、「穀物の収穫」と名づけられた作品である。月歴画は、世界中で五枚残されているが、この「穀物の収穫」はその一枚で、ニューヨークのセントラルパークの一画にあるメトロポリタン美術館に所蔵されている。この作品は、フランドル地方の麦刈りの風景を描写したものである。この「穀物の収穫」には、農業を通しての人間と自然のかかわりが、みごとに表現されている。

ランドスケープエコロジーの第一人者であるハーバード大学のリチャード・フォアマン教授は、ブリューゲルの月歴画のなかには、異なる空間スケールの事象や、その時間的変化など、ランドスケープエコロジーの基本概念がすべて表現されていると述べている。「穀物の収穫」においても、農夫が描かれた近景から、丘を越えた先の遠景までの、異なる空間スケールのランドスケープが描かれ、農業の営みを通じた季節の移り変わりも同時に表現されている。そのように空間と時間のスケールをともなった、いきいきとした人間の営みと自然とのかかわりがみごとに描かれているからこそ、ブリューゲルの月歴画をはじめとする風景画は、今日なお世界の人々を魅了してやまない。

図 **4. 1** ピーター・ブリューゲル（父）による「穀物の収穫」（メトロポリタン美術館所蔵）

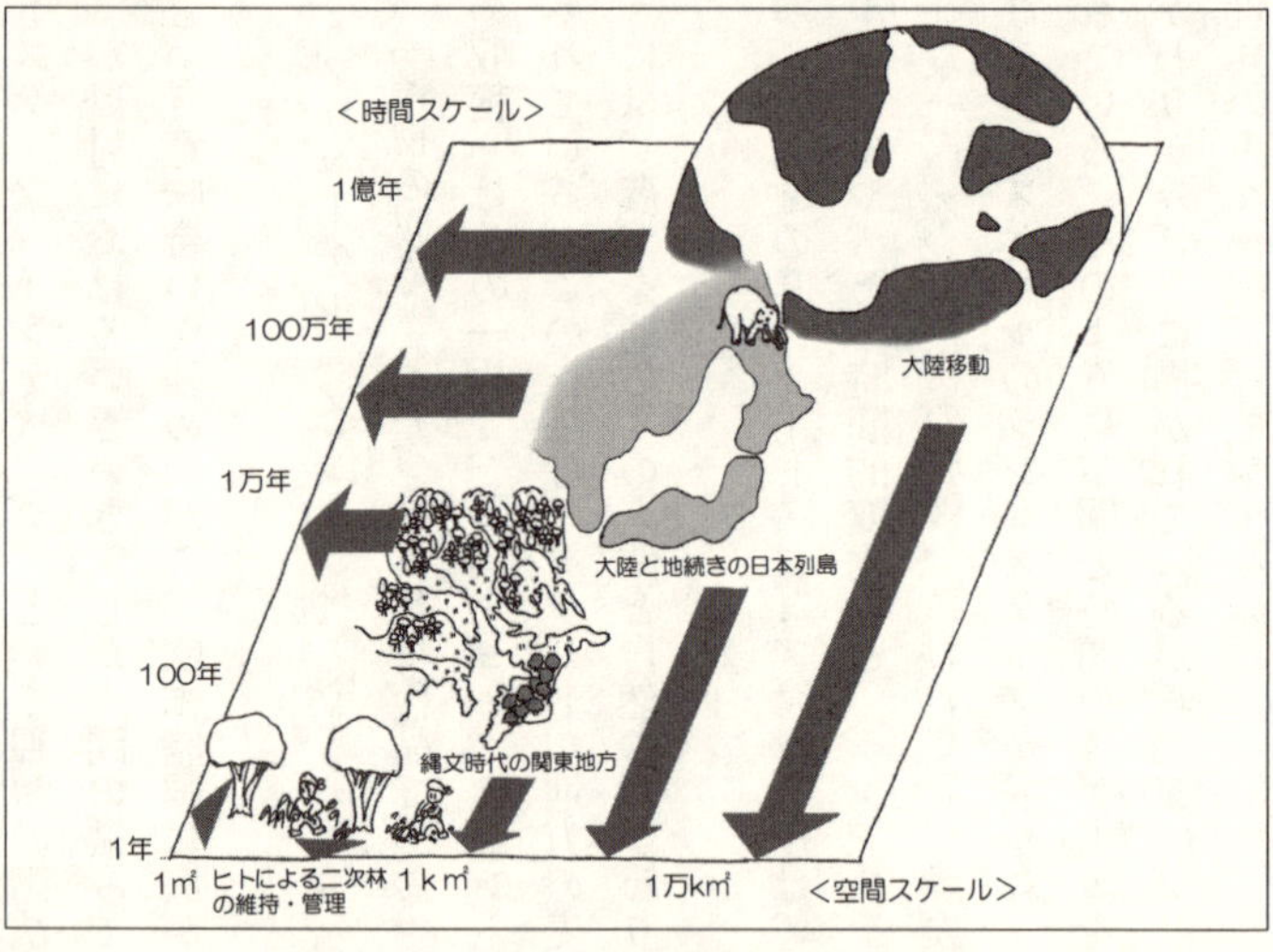

図 **4. 2** ランドスケープエコロジーにおける時空間の物差し

時空間スケールの物差し

ランドスケープエコロジーでは、自然の変動は、時間スケールと空間スケールの両方の物差しでとらえることができる。そのような時空間スケールの物差しを頭のなかに入れて事物をながめることは、自然現象とその人為による変容を理解するうえで非常に重要である。すなわち、つねに時間と空間の両方の物差しを念頭におきながら、生態系の現象解明、その保全・再生のあり方について、ランドスケープレベルで考えていくことが必要である。

ところで、大陸移動や氷期・間氷期の出現といった地球史オーダーの長い時間スケールの現象は、一般的に、それをとらえる空間スケールも非常に大きい。一方、ある地域で病虫害や山火事が発生するといった短い時間スケールの現象になると、その広がりは一般的に狭い範囲にとどまる。しかし、人間活動が気候変動にもたらす影響のように、短い時間スケールの現象が、大きな空間スケールに影響をもたらすことも考えておく必要がある。

そうした時空間スケールでの自然のとらえ方をわかりやすく示しているのが、図4・2である。縦軸は時間であり、一億年前まで目盛りがある。その時間軸をみてみると数千万年から数百万年という段階がある。そこには大陸移動のような現象が位置づけられる。この時間軸に対して、横軸の空間にはオーストラリア大陸の大きさが表現されている。オーストラリア大陸を例に、長い時間スケールで自然をとらえてみよう。

ゴンドワナ大陸の一部であったオーストラリア大陸は、大陸移動の過程で南極大陸と分かれてほぼ現在の姿になった。生物現象もそうした大陸のダイナミックな変遷による大きな影響を受けている。ゴンドワナ大陸の分割によって、オーストラリア大陸には外部から動植物が侵入できなくなり、ゴンドワナ大陸起源の動植物種が独自の進化を遂げた。ユーカリやアカシアが大分化を遂げ、有袋類が独自の進化を遂げた結果として、非常にユニークな生物多様性と生態系が築き上げられていった（図4・3）。つまり、大陸移動といった地史的なスケールでとらえないと、現在のオーストラリアの生物相は理解できないのである。

ランドスケープエコロジーが扱う時空間スケール

ランドスケープエコロジーでは、地球誕生から現在に至るまでの地球史のなかで、おもに、約一万年前以降、現代までの時間を扱う。氷期・間氷期が繰り返し現れる第四紀において、最終氷期が終わり、後氷期となるのが約一万年前である。一方、空間スケールについては、一般に数万平方キロメートル以下の空間スケールの現象を扱う。日本列島は三八万平方キロメートルなので、日本列島をいくつかの地方に分割したよりもやや小さい程度の空間スケールが、ランドスケープエコロジーにおけるおもな研究の対象となる。

約一万年前以降、日本人は、後氷期の温暖な気候の恵みを享受しながら、農業をはじめとするさまざまな活動を営んで今日に至っている。縄文時代には、現在よりも高温な「ヒプシサーマル」とよば

図 4.3 オーストラリアのユニークな生物多様性と生態系

れる高温期が出現した。この時期は、高温であるため海面が上昇して、海や湾が平野の奥深くまで進入していた。縄文時代の貝塚の分布が、現在の海岸線よりもはるかに内陸の段丘崖付近にみられるのは、そのためである。その後は、海が退くとともに、沖積平野が広がっていった。その沖積平野を中心に、大陸から伝播した稲作が普及し、弥生時代になると日本においても稲作農業が本格化した。また、縄文時代以降に定着した、焼き畑や薪炭林利用のための森林の定期的伐採は、照葉樹林化するはずの西南日本において、明るい落葉樹林を維持するのに貢献した。人為的な影響を受けているので、一般に「二次林」とよばれる植生の成立である。こうした落葉樹二次林が今日まで維持されてきたために、氷河期に日本列島にやってきた大陸系の動植物が、その生息・生育地である落葉樹林の環境を失わずに遺存生物として生き延びることができた。これらの動植物は、もし完全に照葉樹林化が進んだとすれば、多くが消滅したであろう。

このような縄文・弥生時代に形成された人間・自然関係は、その後の日本の伝統的な農村ランドスケープのプロトタイプとなった。それゆえ、伝統的な日本の農村ランドスケープには、ランドスケープエコロジーが主対象とする、地域スケールの人間・自然関係が、地史的な成立背景も含めて、もっとも典型的に現れているということができる。そこでは、定期的に繰り返される人間の営みが長い年月をかけて自然を変容させ、原生的自然とは異なる、ユニークな生物多様性と生態系を生みだしてきたのである。

3　攪乱がもたらす生態系の多様性

攪乱がもたらすダイナミズム

ランドスケープエコロジーでは、生態系に対する「攪乱」(disturbance)の影響を理解することが重要である。もちろん、攪乱は人為がなくても自然現象として起こっている。たとえば、野火の発生や、暴風による倒木によって、生態系の攪乱が起きる。攪乱は、そこに存在する生態系の要素に打撃を与えるが、同時に異なる生態系の要素の侵入を可能とする。また生態系は、自らの再生能力を駆使して、もとの生態系へと復帰しようとする。このようなダイナミズムが、自然の攪乱によってもたらされるのである。

これに対し、人間の攪乱は、生態系を利用し、改変する過程でもたらされる。人間の利用とは、火入れ、家畜の放牧、農林業などである。そうした利用よりもさらに積極的に生態系を改変しようとすると、もはや自然の生態系は消滅し、人工物をおもな構成要素とする環境になってしまう。その代表例が都市や道路である。伝統的な農業の営みが続けられている農村の場合、その地域の生態系の特性を基本的には損なわない攪乱が繰り返されているために、攪乱によって均質な生態系が多様化する。たとえば森林が、森林と草原のように、さまざまな遷移段階の生態系に変わる。その結果、ランドス

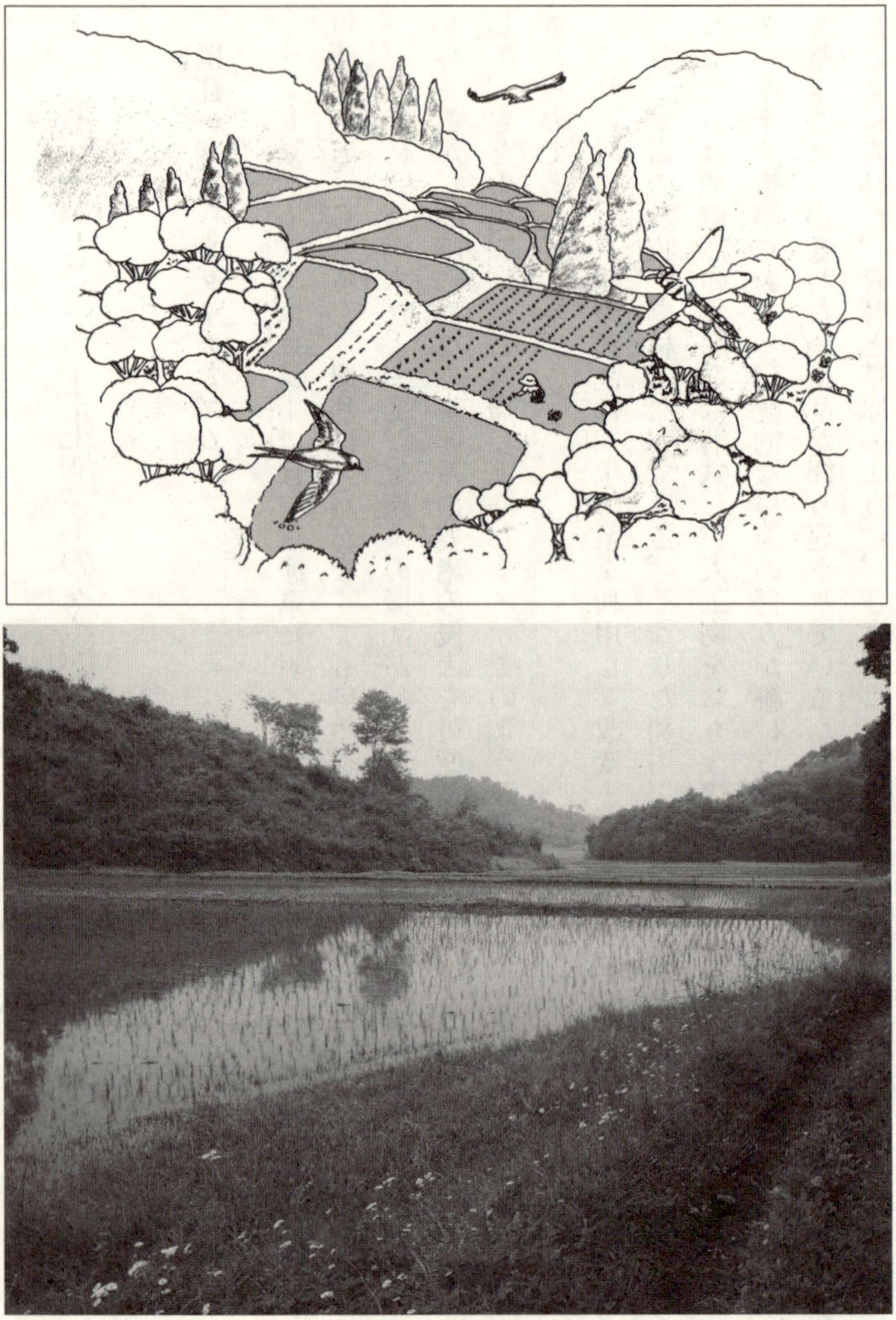

図 4. 4 農村ランドスケープとしての日本の里地（上）と丘陵地の谷間に細長く広がる谷津田の風景（下）（撮影：北川淑子）

ケープレベルの生態系と、それを構成する生物種の多様性は、むしろ高まることになる（図4・4）。すなわち、攪乱によって生じる生態系のモザイク構造が、生物にとっては異なる立地や環境というかたちで多様な生息・生育場所を形成し、結果的には生物多様性の維持に貢献する。ただし、ランドスケープの多様性が高ければ、確かに生物の種数は増加するが、本来大面積の安定した森林の存在を必要とする動植物種（大面積の内側にあるので「インテリア種」とよばれる）などは、森林の分断によって生息できなくなる。ランドスケープレベルでの生物多様性の保全や再生を考える場合には、個々の生態系が、その生物多様性の特質を維持するために、最低限備えていなければならない規模や条件があることに留意する必要があるのはそのためである。

このように、自然および人為による攪乱によって、時間的にも空間的にも異なるいくつもの「相」が、ある一定の広がりにモザイク状に存在することになり、一様ではない変化に富んだランドスケープと、生態系のダイナミズムが生みだされる。その過程と実態を理解するのは、ランドスケープエコロジーの重要な課題である。ランドスケープエコロジーの視点から、生物多様性と生態系の保全と再生を考えることの大きな意義も、そこにあるといえる。

パッチダイナミクスの考え方

さて、攪乱がもたらす生態系のダイナミズムとしてよく知られているのが「パッチダイナミクス」である。パッチワークは、色や柄の異なる布を組み合わせてデザインする手芸である。このパッチワークのように、現実の生態系は、自然や人間の攪乱によって、多様なパッチの集まりになっている。それぞれのパッチは、異なる「相」(遷移段階)にあり、それは攪乱後の時間の長さに由来する。あるところでは攪乱後まもなく、別のところでは攪乱後相当の時間が経過して遷移が進んでいる。それらを全体としてみると、モザイク状の生態系の集まりになっている。

生態学ではかつて、特定の気候帯や土地条件の下では、一方向的な植生遷移によって裸地から途中相を経て「極相」(climax) になり安定すると考えられていた。ところが、極相といわれる森林であっても、つねに若返りをする仕組みが組み込まれていることがわかってきた。すなわち、植生遷移が進んで安定した森林であっても、野火が発生したり、古い巨木が強風で倒れたりすると、林内に大きな「ギャップ」とよばれる空隙が生じる。先駆植物が侵入してこのギャップが埋められると、生態系は初期相へと戻る。先駆植物などからなる初期相は、やがてより遷移の進んだ途中相の生態系へと置き換わる。そしてまた長い時間を経て安定相へと戻っていくのである。

こうした遷移段階の異なる生態系がパッチ状に森林全体に広がって、一つの森林生態系が形成されているのである。このような若返りの仕組みを内包した動的な生態系の考え方は「パッチダイナミクス」とよばれる。パッチダイナミクスとして森林生態系が存在していることが、そこでの種や遺伝子を含む生物多様性を豊かなものにしている。それは異なる遷移段階の生態系に生育する植物群が同時に生育できるからであり、またそれを基盤として多様な動物群が生息可能となるからである。熱帯雨林などの自然林が、生物種の多様性に恵まれているのは、野火や倒木などの自然的攪乱が、大面積におよぶパッチの形成に大きく貢献しているためと考えてよいであろう。

人為的攪乱によるパッチダイナミクス

野火や倒木に代わって、人間が火入れや伐採を行うと、自然的攪乱と同様な人為的攪乱が引き起こされる。それぞれの土地において培われた伝統的な農林業は、自然の遷移を人為的に引き起こし、高い生産力を生みだす遷移の過程を利用し、自然の恵みを受けとる営みであった。その営みにおいては土地を一定期間休ませることで地力の回復を待ち、繰り返し土地が使えるようにしてきた。

その典型例が焼き畑であり、移動耕作が人為的なギャップをつぎつぎと形成させ、広い範囲に異なる土地利用段階のモザイクを生みだしていた。こうしたモザイクは、焼き畑のサイクルにしたがってつねに移動し、ある範囲内で異なる遷移段階の生態系の共存をもたらした。

焼き畑やその後の薪炭林利用にともなう定期的な伐採は、西南日本の暖温帯では、照葉樹林化を食い止め、氷河期の遺存生物の残存に貢献したことはすでに述べた。またこのような生態系モザイクの形成は、人間が意図したものではないにせよ、生物多様性をむしろ高めたと考えられる。これが、人間と自然の協働の産物である「二次的自然」が育む生物多様性であり、農村ランドスケープが生物多様性と深くかかわるゆえんでもある。

したがって、農村ランドスケープの保全と再生を考える場合には、パッチ状に分布する植生の更新過程を重視し、生物多様性と生態系の多様性がもたらされている仕組みを解明する必要がある。こうした問題の解明が、ランドスケープエコロジーに課せられた大きな課題である。

第5章——生態系を支えるランドスケープ構造

1　ランドスケープレベルの生態系の多様性

多様性をもたらす二つの要因

ランドスケープレベルにおいて生態系に多様性をもたらす要因は、大きく分けて二つあると考えられる。その一つは攪乱であり、自然的な攪乱と人為的な攪乱を含む。こうした攪乱が生態系に多様性をもたらすことは、すでに前章で述べた。もう一方は、それぞれの場所自体が有する生態系の多様性ポテンシャルである。攪乱による生態系の多様性が地表に現れた「図」であるとすると、場所が有する生態系の多様性ポテンシャルは、地表がもつ「地」としての特質ともいえる。

広大な平原と急峻な山岳を比べてみよう。そこに存在しうる生態系の多様性も、個々の生態系の空間的な広がりも両者の間では大きく異なる。当然、地形の変化の乏しい平原では、山岳に比べて、生態系の多様性に乏しく、個々の生態系はより大面積である。こうした「地」がもたらす生態系の多様性ポテンシャルは、非生物的環境の特性を通じて生物多様性に影響する。

ここでいう「非生物的環境」とは、生物の生息・生育を支える非生物的環境条件の総和である。生態系を支える主たる非生物的環境は、どのような空間スケールでみるかによって異なる。マクロスケールからメソスケールでは気候条件、メソスケールからミクロスケールでは、地形などの土地条件が主要な要因となる。

非生物的環境とそこに成立する生態系の様態には明瞭な関係が認められる。気候条件や土地条件が同一な場合には、類似の生態系モザイクが出現しうると考えてよいであろう。日本の暖温帯には照葉樹林、冷温帯にはブナ林が成立するといわれるが、これは気候的な生態系のポテンシャルをそこに成立しうる植生タイプで表現したものである。また平野に限定すると、台地には乾性型樹林、低地には湿性型樹林が成立するとされるが、これは土地的な生態系ポテンシャルを植生タイプで表現したものである。こうした生態系の多様性ポテンシャルをもつ個々の場所において、自然的・人為的攪乱が加わることで、地表には生態系モザイクからなる現実のランドスケープが形成される。

攪乱と生態系の多様性

一定の生態系ポテンシャルを有する非生物的環境下において、自然的攪乱は、生態系やそれを構成する動植物種の多様性を、いっそう高める役割を演じる。自然的な攪乱には、森林での野火や倒木、崖崩れなどの斜面崩壊、河川の氾濫などがある。こうした自然的攪乱によるギャップの発生によって周囲とは異質なパッチが生じる。ときおり別の場所にギャップが生成することにより、遷移段階の異なるパッチが場所を変えながらつねに存在するというパッチワークのような生態系が生じる。その結果、ランドスケープレベルの生態系の多様性が高まり、そこに生息する生物も多様になる。

一方、人為的攪乱には、森林の場合、定期的な伐採・更新、林床管理など、草原の場合、火入れ、刈り取り、家畜の放牧などがある。林業や農業では、独自の人為生態系のもとでいっそう強い人間の関与として、植林、枝打ち、間伐、植え付け、除草、施肥などが行われる。溜池や農業用水でも、水抜き、泥さらいなどの伝統的管理が行われてきた。このような人為的攪乱により、生態系は繰り返し遷移の初期段階に戻される。その結果、遷移段階の異なるパッチが組み合わされ、時間とともにそれぞれのパッチがその状態を変える人為的な生態系モザイクが形成される。

地形と生態系の多様性

ランドスケープエコロジーが主対象とするメソスケールからミクロスケールの生態系の多様性を考えるにあたっては、地形に注目することが重要である。地形は、たんに、標高や傾斜など地表の形態のみを示すものではない。それは、地殻変動や、それにともなう侵食・堆積など、長い時間をかけた地形形成作用の最終的な表現である。このような成因を含めた地形のとらえ方は、ランドスケープのとらえ方と共通する。

地形は、その形成の歴史、すなわち地史を反映しており、それを構成する表層地質とも結びついている。また地形は、そこにみられる水循環や、地表に形成される土壌とも密接に関係する。とくに、第四紀に形成された地形では、地形、形成年代、表層地質、土壌の間に、相互に顕著な対応関係が認められるのが一般的である。したがって、地形はランドスケープレベルの非生物的環境の総合指標となりうる。

地形は地形面の集合体としてとらえることができる。山地であれば、山頂斜面、山腹斜面、山麓斜面など、丘陵地では、丘頂斜面、丘腹斜面、丘麓斜面などである。それらは、さらに斜面の形態の差異に応じて、急斜面、緩斜面、あるいは凸型斜面、平滑型斜面、凹型斜面などに細分される。台地は、台地面、台地を刻む浅い谷、段丘崖などに区分される。また、台地面の高さ、形成年代、開析の程度によって、さらに細分される。低地も、扇状地性低地、三角州性低地などに区分される。それらは、さらに、谷底低地、自然堤防、後背湿地、旧流路、浜堤、砂丘などに細分される。

こうした地形面が連なって、一つの「地形地域」が形成される。平野というメソスケールの地形地域では、山地と海岸の間に、丘陵地、台地、低地といった地形が連なる。こうした地形の連なりは、環境傾度に変化をもたらす。「環境傾度」とは、温度、乾湿度など、非生物的環境要因の空間軸に沿った変化の大きさであり、変化が大きければ環境傾度は急で、そこに成立する生態系も大きく異なってくる。地形の連なりがもたらす環境傾度が急であればあるほど、ランドスケープレベルの生態系の多様性は高くなる。

こうした環境傾度が顕著な地形面の境界付近は、「エコトーン」(ecotone) とよばれる。エコトーンは、非生物的環境とそこに成立する生態系の移行帯を意味する。たとえば、山地から平野へ、台地から低地へ、低地から河川へ、陸域から海域へ、といった地形面の境界付近がそれにあたる。エコトーンにおいては、狭い範囲に多様な生態系が帯状に分布する。当然、生態系を構成する生物種の多様性も高い。

このようなメソスケールの地形地域の環境傾度に加えて、ミクロスケールにおいても地形面が近接する場所では、環境傾度が急になり、そこに成立する生態系の多様性ポテンシャルも高まる。たとえば、丘陵地のように、小面積の微地形単位が小さな谷ごとに近接して配列する場所では、土壌・水分条件の変化が大きく、また流水や斜面崩壊などの自然的攪乱も加わり、多様な生物の生息・生育環境のモザイクが形成される。

逆に、ある程度の広がりをもつ平坦な台地面のように、環境傾度がゆるやかな地形面は、地形面の面積も大きく、そこに成立する生態系も、単純で均質なものになりがちである。地形の変化をもたらす自然的攪乱が発生する頻度も、環境傾度が急な場所に比べて少ない。人為的攪乱は、本来均質な生態系を、多様な生態系モザイクへと変化させる力をもつ。ただし、人為的攪乱のタイプに応じてそれが強まりすぎると人工化をもたらし、生態系の多様性は損なわれる。

河川における攪乱と生態系の多様性

河川における攪乱は、河辺生態系にとって特別の意味をもつ。原生的な河川では、つねに洪水が発生し、流路を含む河川内の微地形は大きく変動する。こうした変動が、裸地から始まる一次遷移をもたらし、その結果として河辺特有のモザイク状あるいは帯状に異質な生態系パッチが形成される。多くの場合、そこには河川の流路から、低水敷・高水敷を経て、自然堤防・後背湿地に至るまで、自然的攪乱の頻度と強度が異なる微地形が連続的に配置される典型的なエコトーンが認められる。

ところが、ダムや堤防のような人工構造物が河川に建設され、洪水や氾濫の発生が抑制されると、遷移段階はつねに進むようになる。その結果、繰り返される洪水や氾濫が維持してきた遷移の初期段階の生態系パッチが消失し、河辺の生態系は、水域そのものと、樹林など発達した陸域の生態系に二極化していく。それにともない多様な生態系パッチによって育まれていた生物多様性が大きく損なわれる。それはまた、洪水や氾濫に適応して生息・生育していた在来生物の絶滅や外来生物の繁殖にもつながる。

地形変動の固定化がもたらすこのような事態から、河辺本来の生態系を再生させるためには、人工化された河川空間を再自然化するとともに、洪水のような攪乱を取り戻すことが必要になる。アメリカ合衆国では、ダムを撤去して、自然的攪乱を取り戻す試みが行われている。またヨーロッパでは、直線化された河川をかつての蛇行した形状に戻すなどの再自然化を行うとともに、洪水という自然的な攪乱に代えて、人為的な攪乱を意図的に行い、遷移を初期相に戻す試みを行っている。こうした試みは、日本各地でも検討され始めている。第9章では、栃木県の鬼怒川中流域において、絶滅危惧種であるカワラノギクを救うための、砂礫質河原再生の取り組みを紹介する。

2 生態学的コリドーの評価

ヘッジローのある農村ランドスケープ

中部ヨーロッパの農村を特徴づけるランドスケープ要素として、「ヘッジロー」(hedgerow) があげられる。このヘッジローは、中部ヨーロッパに広がる牧場の境界に設けられている灌木からなる生け垣の列のことである。なだらかな丘陵地の斜面を縫うように連なるヘッジローは、しばしば風景画にも登場するように、美しい農村風景に欠かせない。このヘッジローはまた、農村生態系の重要な要素でもある。

ヘッジローは林のまわりにある林縁の植物から成り立っている。そこには、バラ科の植物のような棘の多い植物が多い。棘が多く家畜が近づけないので、有刺鉄線のような役割を果たす。同時に、そうした林縁植物は、野鳥の好むような実をたくさんつけるものが多い。そのため、ヘッジローは、野鳥をはじめとする多くの動物に利用される。また、ヘッジローは牧場を囲わないと意味がないので連続しているため、リス、ウサギなどの小動物が移動できるコリドー（生態学的回廊）としての役割も果たす。

このヘッジローは、樹林と草地の境界に成立する林縁植生とその種構成が似ている。林縁に特有な種に加えて、樹林と草地の構成種も含まれるため、ヘッジローは幅は狭くとも、きわめて種多様性の高い帯状の生態系となっているのである。ヘッジローは、列状につながり、それが集まって網の目状に農村ランドスケープに広がっている。それが、農村ランドスケープの生物多様性の維持や生態系ネットワークの形成にも大きく貢献しているのである。

コリドーとしての耕地防風林

ヘッジローほど有名ではないが、日本にも、コリドーとしての役割をもつ樹林帯がある。それは、北海道の広大な原野に網の目のように巡らされた耕地防風林である（図5・1）。この耕地防風林は、北海道の原野では、河川と並んで、野生動物の生息や移動を可能にするコリドーの役割を果たしている。大面積の森林に生息している大型・中型の野生動物も、この耕地防風林を利用して移動する。

北海道では、屯田兵による開拓以来、風食から農地を守ったり、風雪害から農作物を守ったりするため、耕地防風林が設けられてきた。そのうち規模の大きなものは防風保安林とよばれているが、開拓前からこの地域に生育していたミズナラ林などの一部を残したものが多い。一方、耕地をグリッド

図 5. 1 北海道の平地に広がる耕地防風林

状に区画する幅の狭い防風林の場合は、カラマツなどの植林が多い。

私たちは、北海道の帯広市において、耕地防風林を中心とするコリドーが、どの程度の規模をもち、野生動物にどのように利用されているのか、調査したことがある。調査の結果、コリドーの規模によって、そこで生息する、あるいは移動する野生動物の種類が大きく異なることがわかった。つまりコリドーは、その規模に応じて異なる役割をもっていたのである。野生動物の利用という視点から、この地域のコリドーは、つぎの三つの規模に分類された。

大規模コリドーは、大河川のコリドーであり、その幅は数百メートルにおよんでいる。大河川には、河川自体のほかに、河原や堤防が含まれ、河辺林も連続的に分布する。これは、キタキツネやエゾシカのような中型・大型の野生動物に生息場所、移動経路として利用されている。この大河川コリドーは、上流にある山地のまとまった自然生態系と台地、低地に広がる農村生態系とを結びつける役割を担う。

中規模コリドーは、防風保安林からなり、その幅は百メートル弱である。この防風保安林には、ミズナラなどの自然林が残されていることが多い。防風保安林は、エゾリスやエゾモモンガなど、小型野生動物の生息・移動の場所となっている。帯広市街地の公園や庭にこれらの野生動物がしばしば顔をのぞかせるのは、こうしたコリドーや、つぎに述べる小規模コリドーが、市街地に至るまで連続しているためである。

小規模コリドーは、防風林列であり、多くはカラマツなどが一列から三列ほど耕地の境界に沿って植林されたものである。防風林列は、アカネズミ、エゾリスやキツツキの仲間といった小型の野生動物が生息・移動に利用する。しかし、中型動物であるキタキツネなどにとっても、移動や一時的な避難場所としての役割を果たす。

このようなコリドーの分類にもとづく帯広市の生態系ネットワークの状況を模式図にまとめたのが図5・2である。この模式図からはまず、コアエリアとしての森林と、大規模コリドーである河川コリドーが結びついていることが読みとれる。中規模コリドーである防風保安林帯は、農村地域を網羅するように張り巡らされている。さらに、小規模コリドーである防風林列が、防風保安林が区切った格子をさらに細かく区切っていることがわかるだろう。

ところが、洪水防止のための河川整備が進み、農業生産性を向上させるための耕地規模の拡大が進んだことで、このような生態系ネットワークが分断される危険性が高まっている。洪水防止や生産性の向上といった課題にも対応しつつ、生態系ネットワークの機能を今後とも維持していくためには、科学的知見にもとづく具体的な提案が求められる。

コリドーの機能をどう評価するか

コリドーの機能を評価する際、問題となるのは、生物によって連続性の意味が異なるということである。たとえば、トンボや鳥類であれば、湿地や樹林が物理的に連続していなくても、一定の距離内に分布していれば移動が可能である。しかし、移動経路を流路や樹林に依存する動物は、空間的に連

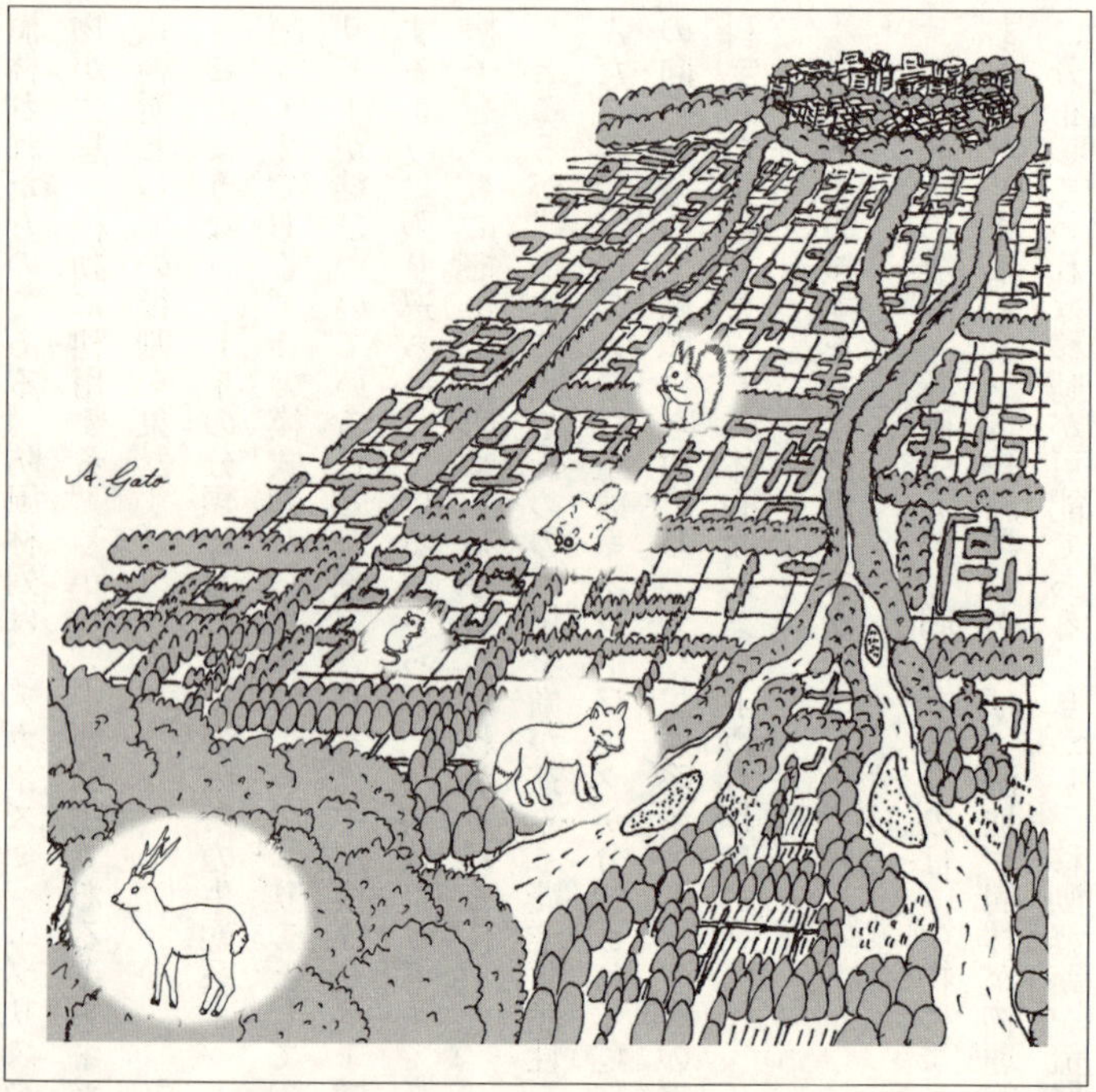

図 **5.2** 帯広における生態系ネットワーク

続したコリドーがないと移動できない。植物の場合にも、種子の散布様式、散布距離によって、種がどのように供給され、どこまで到達できるかは異なる。樹林の林床に生育し、種子散布距離がかぎられた植物の場合には、飛び石状の配置では種の移動はできず、コリドーにならないといわれている。

したがって、コリドーの機能を評価するには、いくつかの移動タイプの異なる指標生物を取り上げ、その生物にとって現実にコリドーがどのように使われているのかを明らかにする必要がある。そのうえで、高い機能が認められる場合には、その機能を維持・向上させるために、コリドーをどのように保全し、配置し、再生するべきかがつぎの検討課題となる。

エゾリスによるコリドーの機能評価

そこで私たちは、北海道帯広市において、実際にエゾリスの小規模コリドーが移動に使われているのかを検証してみた。この地域では、エゾリスのみが、この地域には少ないチョウセンゴヨウの種子を取りだしてほかの場所に運べるという特性を利用して、エゾリスが防風林をコリドーとして利用しているか調べた（図5・3）。その結果、チョウセンゴヨウの母樹から遠く離れた場所でもチョウセンゴヨウの実生がみられることから、エゾリスが防風林をコリドーとして使っていることが推測された。

また、チョウセンゴヨウの実生発芽の場所をプロットしたところ、その分布は母樹であるチョウセンゴヨウからの距離には比例せず、カラマツ防風林の林床植物であるミヤコザサがあまり繁茂してい

図 **5.3** チョウセンゴヨウの種子を隠そうとするエゾリス

ない場所と一致した。そのため、エゾリスの移動を確保するには、林床に繁茂するミヤコザサを刈って、林床を明るくすることが望ましいとの結論を得た。

ところで、こうした防風林が道路によって分断されている場所がある。ときに問題なのは、エゾリスが生息する帯広畜産大学と隣接する防風林を分断する道路の存在である。ここではコリドーが分断されているため、エゾリスが車に轢かれる事故が多発している。このような分断の回避は、生態系の再生という観点からも重要であると考えられる。

3　適度な攪乱が生態系を守る

生態系と人間のかかわり

そもそも、生態系に対する人間のかかわりは、大きく分けて三つの段階があると考えられる。第一は、まったく人間がかかわっていないか、あるいはあまりかかわっていない段階。第二は、人間がかかわった結果、生態系は変質しているが、人間と自然のバランスがとれたかたちで生態系が変質している段階。第三は、人間活動が優位で人工化が進んだ段階である。

私たちは、もはや地球上から消え去ろうとしている第一段階の自然生態系はなんとしても守る必要がある。同時に、第二段階の生態系は、人類が地球環境とともに生きていくうえで欠かすことのできないものとして保全していく必要がある。また第三段階では、条件の許すかぎり失われてしまった生態系をふたたび蘇らせることが必要となる。このうち農村ランドスケープは、第二段階の生態系として維持しようとするのであれば、適度な人間の攪乱を継続し続けることが必要である。

なぜ人為的攪乱が必要か

農村ランドスケープで、なぜ適度な攪乱が必要なのか、中部ヨーロッパのヒースを例に考えてみよう。中部ヨーロッパには、英語で「ヒース」(heath)、ドイツ語で「ハイデ」(Heide) とよばれる独特の二次草原がみられる。このヒースを構成する植物は、カルーナやエリカの仲間であり、都市緑化などに使われる園芸種にもなっている。それらの花が咲くころには、ヒースは一面赤紫色の絨毯のようになる。

この草原のランドスケープを守るには、適度な人間の攪乱を行い続ける必要がある。なぜなら、ヒースは、過放牧が生みだした人為的なランドスケープだからである。カルーナやエリカといった植物は、ヒツジなどの家畜が好まず、また酸性の貧栄養土壌にも生育可能である。そのため、放牧により牧草が選択的に採餌され、しかも放牧により土壌の貧化が起こるからこそ、このようなヒースが成立してきたのである。

したがって、ヒースを維持するには、ヒースを保護するのではなく、ヒツジを放牧して、適度に人間の攪乱を続ける必要がある。中部ヨーロッパでは、農牧業の衰退により放棄された牧場ではヒースが消滅し、遷移の進んだシラカバなどの樹林に変化している。ヒースを残すには、農民が牧畜を続けられるよう、直接所得支払いや、ボランティアによる維持管理が必要となっている。ヒースの維持には適度な人間の攪乱を継続する仕組みをつくることが必要なのである。

「草千里」を守るには

ヒースと同様のことが、阿蘇の「草千里」でもいわれている（図5・4）。草千里の雄大な草原ランドスケープを維持するには、毎年の野焼きや放牧が不可欠である。阿蘇地域では、人間による攪乱が継続されて、今日まで草原ランドスケープが維持されてきた。しかし、草千里においても、急激に草原面積が減少している。ウマやウシなど放牧する家畜の数が激減したうえに、採草を目的とした野焼きの回数も減ったためである。

草原が減少すると、氷河期にアジア大陸と地続きであったころからの遺存植物であるハナシノブ、ヒゴタイ、サクラソウなどが消滅してしまう。氷河期は寒冷な環境で、草原的な環境が自然に維持されていた。氷河期が終わり、温暖化が進んでも、森林的な環境にならなかったのは、火山活動に加えて人間の攪乱によって、草原が引き続き維持されてきたからである。ところが人間の攪乱がこれまでのようには行われなくなると、草原的な環境が維持されなくなり、そこに生息・生育する野生植物やそれに依存する昆虫が、絶滅の危機を迎えるようになったのである。

図 **5. 4** 阿蘇の草千里（撮影：津田智）

家畜を放牧し、野焼きを行うことは、むしろ草原ランドスケープを守るために不可欠である。そこで、環境省は、市民団体と協働で、放牧や野焼きを続ける活動を展開している。それは、こうした人為的な影響を受けた生態系のなかで生息・生育する貴重な動植物を守るためである。それと同時に、適切な人為的攪乱を継続することは、伝統的に維持されてきた、文化的な農村ランドスケープの保全にもつながる。

もっとも、阿蘇の草千里が注目されたのは、そこが国立公園に含まれているからであるが、過去約百年間において日本列島では、森林よりも草原の減少が顕著である。とくに山麓、丘陵地、台地などに広がっていた乾生草原の急激な減少は、二〇世紀日本におけるもっとも大きな生態系変化の一つであるといっても過言ではない。採草・放牧といった人間活動を含めて、日本の草原をどのように国土に復活させるかは、一つの大きな課題である。

第6章——地域の生態系再生

1　ビオトープ保全と生態系再生

一九七〇年代に始まったビオトープ保全運動

ビオトープ（Biotop）は、もともと「生物の生息・生育のための小さな空間的まとまり」を示すドイツ語の専門用語であった。それが、近年では、小さな生態系再生の目標像として、一般にも広く知られるようになっている。日本でも、第8章で述べられているように、減少した生物多様性を回復させるための手法の一つとしてビオトープに関心が集まっている。

そもそも、ビオトープという用語が、小さな生態系再生の目標像として用いられ始めたのは、一九七〇年代なかばに、ドイツ南部のバイエルン州においてであった。当時、農村地域におけるビオトープ保護のための地図化を進めていたミュンヘン工科大学のハーバー教授たちが、地図化の過程でつぎつぎとビオトープが破壊されていくのをまのあたりにして、なんとか手を打たないと、農村地域からビオトープが消滅してしまうという危機感を抱いたのである。

ビオトープが減少するもっとも大きな理由は、農業の近代化のための圃場や水路の整備にともない、伝統的なヘッジロー、畦畔木、自然に近い水路などの消滅が相次いだことであった。そこで、ハーバー教授たちは、農業工学の専門家であるミュンヘン工科大学のホイズル教授たちと協働して、圃場や水路の整備を行っても、ビオトープが消滅しないような方策を生みだしたのである。

それは、圃場整備計画とあわせてビオトープ保全計画を策定しておき、圃場整備上障害になるビオトープを別の場所に移したり、一定面積を生態系再生のために留保して、ビオトープとなる環境を新たに生みだすなどの方策をとったことである。ヘッジローの移設では、土壌や植生をまるごと別の場所に運ぶための、特別な工事用車両まで開発された。また、水路も、圃場にあわせて整備はするが、整備後にはふたたび自然が蘇るような近自然工法が採用された。

こうしたビオトープ保全の試みは、地域の生態系ネットワーク形成にも貢献した。すなわちビオトープ保全計画では、かぎられたビオトープを相互に有機的に結びつけ、地域の生物多様性を維持する工夫がなされている。同時に、近年減少しつつある乾生草原を、農村で積極的に再生する試みや、その維持管理を農家に有償で委託する試みなどにより、圃場や水路の整備が、生物多様性維持と矛盾しないような配慮がなされた。

ビオトープ保全とランドスケープ計画

こうした農村でのビオトープ保全の試みは、地域の生態系再生にも大きな影響を与えた。ドイツでは、一九七〇年代にランドスケープエコロジーの研究成果を基礎としたランドスケープ計画の策定が、各地の農村や都市で行われるようになってきていた。それとビオトープ保全の動きが共鳴し合い、種とビオトープを保全するためのプログラムは、ランドスケープ計画の重要な要素と考えられるようになったのである（図6・1）。

種とビオトープ保全プログラムがランドスケープ計画に取り入れられるようになって、農村や都市における生物多様性の維持・増大に社会の関心が寄せられるようになった。これまでは、修景的な目的中心で行われていた緑化も、生物多様性を回復させるための手法とみなされるようになった。道路や鉄道の「のり面」、街路樹の下の植え込みなどを、地域の固有植物や絶滅の危機に瀕した植物の生育地として利用する試みもさかんになった。今やベルリンのような大都市においても、種とビオトープの保全計画が進められている。

ビオトープ保全は、環境影響評価とも結びついていった。環境影響評価では、開発がおよぼす生態系への負荷を回避、軽減させることをまず求める。しかし、それらができない場合には、失われた生態系に代わって、新たに生態系を創出させることを求める。これが「代償措置」（ミティゲーション）

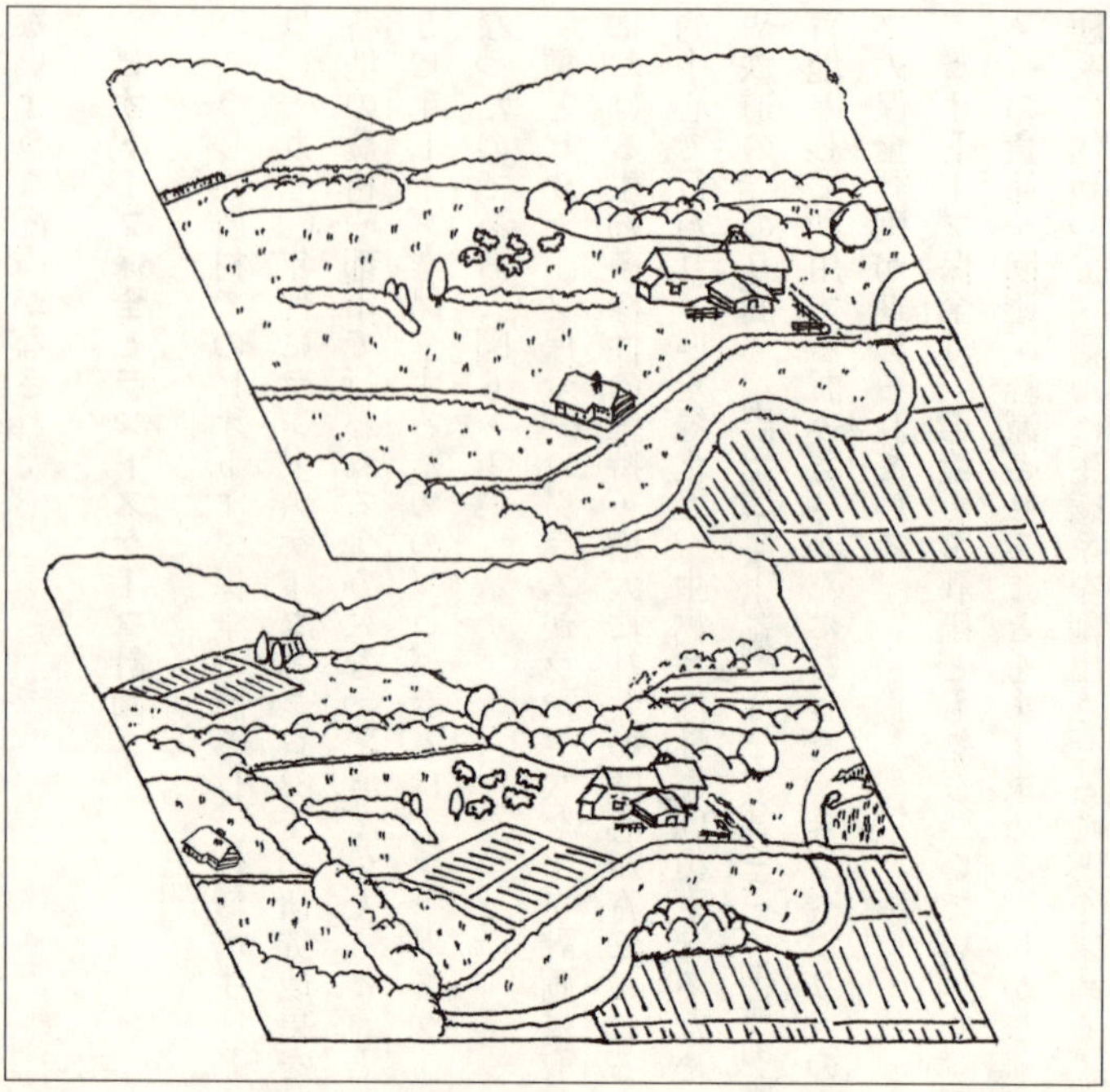

図 6.1 ドイツにおけるビオトープ保全の考え方（圃場整備にともなって生態系ネットワークを再生する）

とよばれるものである。たとえば、高速道路が渡り鳥の中継地となっている湿地を分断する場合、それに代わる湿地のビオトープを創出するのである。もちろん、失われた生態系と創出されたビオトープに再生される生態系が等価であるのかどうかについては、科学的な判断を行う基準が設けられている。

近年では、さらに進んで、ランドスケープ計画であらかじめ保護ないし創出すべきビオトープを指定しておき、開発にともなう代償措置が求められた際には、指定された場所でのビオトープ保全を義務づけるという施策が行われている。いい方をかえれば、圃場整備と連動させて実施されたビオトープ保全が、現在ではその規模を拡大し、農村や都市のスケールで行われるようになっている。日本でも、このような、環境影響評価とランドスケープ計画とを結びつける方策を検討する必要があるだろう。

2　都市圏の生態系再生

都市圏の野生化プログラム

ニューヨークの摩天楼に象徴されるように、急速な都市の成長により生態系の破壊が進んでいると思われているアメリカ合衆国の大都市圏でも、広域的な生態系再生の試みが始まっている。ここでは、まず、その代表例の一つとして「シカゴの野生化」計画を取り上げてみよう。シカゴの野生化は、英語で Chicago Wilderness とよばれている。アメリカ合衆国では、開拓以前の自然を「野生」とよび、それを守るべき資産と考えている。

それでは、シカゴ大都市圏のような、大規模な生態系の改変が短期間に行われたところで、なぜ野生化をスローガンにするのであろうか。それは、かつてシカゴ大都市圏が拡大する前に、この地に果てしなく広がっていた「プレーリー」とよばれる大草原のランドスケープにみられた特有の動植物や、それらからなる生態系を都市圏にふたたび取り戻そうとしているからである（図6・2）。そのため、約八万ヘクタールもの土地が、野生化のための保護区域に指定され、それらを河川や緑地帯などの生態学的な回廊で結ぶ計画が立てられている。

このシカゴの野生化計画でも、基本的な目標は、本書で繰り返しその必要性を主張しているように、望ましい人間・自然関係の再構築である。この野生化計画では、生物多様性と生態系を保全する目標を掲げているが、その第一番目にあげられているのは、「シカゴ地域における人間社会と自然の持続的な関係の推進」ということである。

この目標では、生物多様性と生態系保全に必要な点をいくつか指摘している。まず、科学的・生態学的な管理の知見を深める必要があること。地域的・地球的に重要な植物群・動物群を保護する必要があること。生態系の健全性を守るために生物生息空間を保全すべきこと。さらに、生物多様性を維

図 6. 2「シカゴの野生化」計画が守ろうとするプレーリーの動植物

持するために生物群集の管理を積極的に行うべきことである。ここでも、生物多様性維持のために積極的な人間の関与が提案されている。

人間の積極的な関与のためには、さまざまな取り組みが必要である。この目標では、そのために、つぎのような点を指摘している。まず、生物多様性保全のために市民団体と政府機関を巻き込む必要があること。市民の支援・参加を促進するために、地域の生物多様性に対する市民の認識と理解を深めること。そして、地域住民の「生活の質」の向上を目指すこと、である。

ここで重要なことは、生物多様性と生態系の保全が、野生生物の保護にとどまらないということである。生物の豊かな環境が取り戻されることは、人々の生活の質を向上させる要件と考えられているのである。生物の豊かな環境は、地域社会の「誇り」でもあり、人々の生きがいにもつながる。この点が、生物多様性・生態系の保全と市民社会をつなぐうえで重要ともいえる考え方である。

シカゴの野生化計画を担っているのはNGOの人たちである。これまで都市公園の管理に協力していた「公園友の会」の市民たちも、広域的な生態系ネットワークの形成へと活動の視野を広げている。こうしたボランタリーな市民たちの積極的な行政への関与によって、野生化計画が遂行されている。自然再生事業においては、市民との協働による生物多様性・生態系再生が重要であることは第8章でも述べるが、それはシカゴの野生化計画の事例にもあてはまる。

大都市圏を「緑の芝原」に

もう一つの事例はニューヨーク州で、「大都市圏を緑の芝原に」というスローガンのもとに進められている取り組みである。「緑の芝原」(Greensward)という言葉は、ニューヨーク市民にとっては特別の意味をもつ言葉である。世界で最初の近代的な都市公園であるニューヨーク市のセントラルパークのデザインは、コンペによって決められた。その設計コンペで当選作に輝いたフレデリック・ロー・オルムステッドとカルバート・ボーによる作品の名称が、「緑の芝原」であった。

このプロジェクトを契機に自らを「ランドスケープアーキテクト」と称するようになるオルムステッドが、この「緑の芝原」に抱いたイメージは、彼が訪れて感動したヨーロッパの農村ランドスケープであった。彼は、かつての氷河の影響で巨岩が露出し、その間を湿地が埋めるという緑化するにはきわめて劣悪な環境を、人工池をつくって土地改良し、疎林と芝生からなる都市公園へとみごとに変身させたのである。

こうした「緑の芝原」の考え方を継承し、公園から都市圏全体へと発展させていこうとするのが、ニューヨーク州で策定された「大都市圏を緑の芝原に」計画である。これは、大都市圏に農村ランドスケープを再生しようとする意欲的な試みであるといえる。

この構想では、州全体で一一の保護区が設けられる。それらは、無秩序な都市スプロールを防ぐとともに、風致的・生物的・資源的に重要な地区を守る役割を果たす。とくに、尾根の分水界や沿岸域の保全を重視しながら、都市圏において農村ランドスケープを再生しようとしている。さらに、「グリーンウェイ」とよばれる緑のネットワークを構築することによって、自転車・歩行者道と生態学的回廊の共存を目指している。

また、この計画には、新しい開発や計画を保全の目的と合致させるための仕組みの提案が含まれている。アメリカ合衆国では、人間と自然の共存を図るための新しい開発の概念が提案され、それは「スマートな成長」とよばれている。これからは、人間が知恵を絞って都市の成長を抑制し、自然と共存できる人間らしい都市づくりが求められているのである。

スマートな成長を促すために、この計画では、「選択可能な未来」を住民に提示する手法を採用している。すなわち、これまでのアメリカ都市で典型的にみられるような拡散型の開発を許すのか、それとも開発区域を限定し、コンパクトな都市づくりを目指すのか、住民に選択を迫るのである。そのため、住民が理解しやすいように、環境影響評価や開発後の都市のイメージを、コンピュータグラフィックスを使って示すなどの工夫がなされている。

「大都市圏を緑の芝原に」計画でも、「シカゴの野生化」計画と同様、市民が都市生態系の再生を支える主体であると考えられている。同時に、科学的知識をもった生態系保全・再生の専門家と、市民運動を担う人々や組織との協働が非常に重要であることも認識されている。市民やNGOは、都市生態系の維持に不可欠な適度な人為的攪乱を継続させる生態系管理の主体であり、都市の生態系再生政策を支える主体でもある。

3　日本でも始まった都市の生態系再生

斜面林を再生する市民活動

市民参加によるランドスケープの保全は、人為的攪乱が必要な生物多様性や生態系の保全につながる。また、市民参加によるランドスケープの維持は、環境教育としても重要な意味をもっている。現代社会では、都市にすむ人々の生活が自然から遠ざかってしまい、なぜ自然に手を入れる必要があるのか、理解できなくなっている。適度な人為的攪乱の必要性を実感するには、管理作業に参加するのがもっとも効果的である。

そのような例として、「植木の里」として有名な埼玉県川口市安行での試みを紹介しよう。私たちの研究室は、市民委員、川口市の職員、コンサルタントとともに、道の駅「川口・あんぎょう」を活用した地域づくりを検討する場に加わった。その結果、安行に今も残る「植木の里」、台地と低地を境する段丘崖の斜面林、農業用水路などを活用した水と緑のネットワークを見直せば、地域活性化につながるとの結論が得られた。

その後、この検討会に参加した市民委員が中心となって、会員四〇名の「安行・緑の町づくり協議会」が結成された。自らが自主的に地域づくりのための活動を開始したのである。この活動には、地域のみどりのシンボルである段丘崖の斜面林の維持管理も含まれている。

この斜面林で、散策路の整備、私有地のゴミ拾いをしたところ、ゴミを捨てる人が大幅に減少した。また、樹木の間伐と下草刈りを行い、林内に広場を設置した結果、斜面林が市民の公共空間として蘇った。また、湧水を活かして人工池をつくった結果、トンボ、カエルなどの小動物が生息するようになり、子どもたちの絶好の遊び場所となった。

この斜面林で、私たちの研究室の北川淑子さんがみつけたイチリンソウは、樹林管理によって息を吹き返した。もともと、明るい林内に生育し、春先に花を咲かせる典型的な「春植物」であるイチリンソウは、氷河期以降も人間の攪乱によって生き延びてきたのである。その生育環境を、かつて斜面林で間伐や下草刈りをしていた時代のように戻すことで、イチリンソウはまたたくまにその個体数を増加させたのである（図6・3）。

今やこの斜面林のイチリンソウは、市の天然記念物に指定されて、花の咲く時期には一万五千もの人が観賞に訪れている。二〇〇三年には、ふるさとづくりの振興奨励賞も受賞し、協議会の会員には大きな励みとなった。このように安行の市民は、生態系管理への取り組みを通じて、自ら行動する市民となり、今ではまちづくりの主役となっている。

日本における大都市圏の生態系再生

日本では大都市圏を対象とした生物多様性・生態系再生の試みは、始まったばかりである。私たち

図 6.3 手入れされイチリンソウが咲き乱れるようになった斜面林の林床（川口市提供）とイチリンソウ（撮影：勝山輝男）

は、国土交通省が、環境省、農林水産省、都道府県などと連携して実施した「首都圏の都市環境インフラのグランドデザイン」策定にかかわったことがある。これは、行政が進める計画としては初めて、生物多様性保全を大きな目的の一つにした都市圏の構想であった。

この計画に関与して強く感じたことは、日本の伝統的な農村や沿岸での人間・自然関係の再構築が、けっきょくは都市圏の生態系再生につながるということである。最近では、「里山」に加えて「里海」という言葉が使われるようになっているが、人間が生態系の多様性をもっとも享受できるエコトーンを中心に生態系の再生を行えば、都市圏全体への波及効果も大きいと考えられる。

とくに重要なのは河川の生態系再生である。河川は、もともと生態学的回廊の役割を有しており、また河川空間は公有地であるので、生態系再生事業を導入するのに適した条件を備えている。一方で人工的につくられた用水路も、しばしば両側が樹林帯で囲まれ、水と緑のネットワーク形成に貢献する。安行の例にもみられるように、段丘崖などの連続した樹林帯の重要性も高い。さらに、人工化の波を逃れた沿岸部はわずかに残されたエコトーンとして貴重である。

首都圏をはじめとして日本の大都市圏では、二〇世紀後半にみられた大都市の外縁的拡大には歯止めがかかり始めている。それどころか、今後急激に進む国土の人口減少にともなって、拡散した市街地を撤退させ、大都市圏の郊外部の再生が必要とされる時代が目前に迫っている。大都市圏郊外部の生態系再生は、大都市圏における都市再生自体の成功を握るカギになるといっても過言ではないであろう。その意味で、今後日本の大都市圏において、科学的な知見と、市民の参加による生態系再生が着実に前進することを望んでいる。

第3部　生物多様性——生態系と遺伝子をつなぐ

第7章——生物多様性と生態系の包み合う関係

物質の循環とエネルギーの流れは、かつては、おもに流域などでまとまりのある生態系の範囲内で完結していた。ところが、人間活動が拡大し、ついにはグローバル化が進むに至って、物質やエネルギーの動きは、その時空間の範囲を際限なく拡大している。

同時に、さまざまな人間活動による生態系プロセスの阻害や偏向によって、生態系は自律性を失い、不安定さを増している。人間活動がもたらす強力で急激な環境変化は、さまざまな生態系に、復帰困難な相転移である「カタストロフィックシフト」（一四二ページ）をもたらし始めている。

生物多様性は、健全な生態系が生みだす自然の恵みの源泉でもあるとともに、このような生態系の不健全化を監視し、防止するための指標としてとらえることができる。人類社会の持続可能性を保障するには、科学技術の高度化により際限なく巨大化しつつある人間の力が生態系におよぼすカタストロフィックな変化を抑制し、その力を健全な生態系を維持・再生する方向へと振り向けることが必要である。「生物多様性」は、暗闇のなかでそのような方向を探る燈火のようなものであるともいえる。

この章では、自然と人間のかかわりの歴史をふまえて、生物多様性の維持・保全と、健全な生態系の持続可能性という二つの大きな目標がもつ社会的・自然的意義について述べる。また、巨大化した人間活動の影響が生態系におよぼすカタストロフィックシフトな作用を抑制するための対処方策についても考えてみたい。

1　生態系の不健全化と対環境戦略

「北アメリカ」対「日本列島」

北アメリカの森林や湿原や大平原の草原は、一万年近くにわたってネイティブ・アメリカンに豊かな自然の恵みを与え、生活の場を提供してきた。ところが、ヨーロッパ人が入植してから、わずか三百年ほどの短期間のうちに、その大部分が農地、牧草地、植林地に変えられた。生態系の激変ともいえるこのような変化が、生態系の不健全化にほかならないことは、現在のアメリカ合衆国における絶滅危惧種の比率が自生種の三分の一にものぼることからも明らかである。

一方、日本列島の場合は、ヒトがすみ始めてから少なくとも一万年以上の時間が経過している。稲作が本格的に始まった弥生時代から数えても、すでに二千年余が経過している。日本列島では、地方によって人間活動が生態系に強い影響を与えるようになった時期は異なる。稲作が始まった時期や歴史的、考古学的な記録からその時代を推し量ることができる。

近畿から九州の北部にかけての西日本では、すでに紀元前から稲作が営まれていた。大和朝廷の統治が始まるころには、大小の都市が発達していた。とくに畿内は、日本列島において、人間活動にともなう生態系の改変が、もっとも古くから始まった地域である。

しかし、このように古い時代から開発された畿内のような地域であっても、広大な面積の土地が一律に農地化されたり、植林地化されたりすることは稀であった。むしろ、人里やそのまわりでは、「里地」という言葉で象徴されるような、樹林や草原や池沼が水田とともに存在するモザイク的な生態系が維持されていた。そのスケールに応じて、おもな物質循環のスケールが決まっていた水田のみが広大に広がるような単純なランドスケープは、現代になって、圃場整備がつくりだしたものである。

圃場整備が進む前の水田は、抽水植物のイネが優占する湿地ともいえる生態系であった。そこには、水田雑草、水生昆虫、淡水魚など多くの生物が生息・生育していた。人々は、主食の米を実らせるイネと、生活の場を共有する多くの動植物の息吹をつねに身近に感じながら暮らしてきた。水田のまわりの木立や溜池、茅場の草原など、異質な生息・生育場所が、モザイク状に組み合わさって存在することが、身近な生きものの多様性をさらに増加させたのである。

近代化が徹底するまでの農業生態系は、このように、自然と人間の共生の場としての特徴を兼ね備えていた。しかし、ここ数十年の農業の近代化によって状況は激変し、かつては里山や水田で普通にみられた動植物のなかには衰退して絶滅危惧種となったものも少なくない。

征服型の戦略がもたらした危機

現生人類ホモ・サピエンスがほぼ地球全体に広がり、その影響力を著しく増大させた過去約一万年前以降、人々が自然に対してどのような態度で臨み、どのような活動を営むかが、地域の生態系のあり方を強く支配してきた。一方でどのような暮らしを営むかは、そこにどのような自然があり、どのような資源が得られるかに大きく依存する。自然に馴染んだ人々の暮らしは、自然と人為の相互作用の結果であるともいえる。そうした意味も含めて、人間の自然に対する態度を「対環境戦略」とよぶことができる。

対環境戦略には対照的な二つのタイプ、すなわち、「共生型」と「征服型」を認めることができる。前者は自然に馴染んだ暮らしの戦略、後者は積極的に自然を変え、人工化することで暮らしの場を広げる戦略である。それぞれの時代、それぞれの地域における対環境戦略は、そのどちらか一方に完全に分類されるものではない。両者は微妙なバランスで拮抗しながら、同じ時代に、同じ場所で共存してきたとみるべきであろう。その意味で、両戦略に関する以下の記述は、具体的なものであるよりは、理想化した、単純な見方というべきものである。

共生型は、自然に馴染んだ伝統的な暮らしによって生態系の状態をあまり変化させることなく維持する。一方、征服型は、科学技術によって生態系の特定の機能を取りだしてそれだけを強化するなど、ヒトの都合がよいように積極的に変えていく。近代から現代にかけての征服型の戦略は、めざましい発展を遂げた還元主義的な科学技術に大きく依拠するものであった。科学技術は、生態系の機能の個別高度化を進め、自然生態系の要素と機能を、より効率的な人工物や人工機能に置き換えた。しかし、後に具体例を述べるように、特定の機能の強化は別の機能の不全をもたらしがちであり、そのように改変された生態系は、概してバランスや安定性を欠く不健全なものとなりがちであった。

対環境戦略と生態系

生態系の健全性は、いかにヒトが対環境戦略をもって生態系に働きかけるかによって左右される。古くから征服型の開発が進み、自然に近い状態の森林や草原がほとんど残されていない西ヨーロッパでは、近年までは農耕地に付随する木立や生け垣などが動植物の生息・生育場所としてきわめて重要な意味をもっていた。しかし、自由貿易が進み、アメリカ合衆国の大規模農地での高度に機械化した農・畜産業との競争の波に洗われ、農業の工業化ともいえる農業の近代化が強力に推し進められてきた。その結果、圃場区画は大規模化の一途をたどり、長年残されてきたヘッジロー（生け垣）など、ささやかな動植物の生息・生育場所が急速に失われることとなった。

英国では、ヘッジローの喪失は、生物多様性の維持に重大な負の影響をおよぼした。その反省から、現在では、伝統的な農業生態系の一部を保全し、再生する積極的な取り組みが行われている。ヨーロッパにおけるこのような伝統的な農業生態系再生の取り組みは、意識的に自然と共生するために積極的に環境を再生するという、新たな対環境戦略の大きな潮流のみなもとの一つに位置づけられる。

日本では、比較的最近まで、共生型の戦略が一部に生き残っていた。豊かな生物相がごく最近まで伝えられた理由の一つも、それであろう。しかし、現代では、征服型の戦略が共生型のそれを大きくしのぐようになり、生態系の変化はきわめて急である。その変化が、二千種をも超える種が絶滅危惧種となるような事態をもたらした。そうした絶滅危惧種には、数十年前までは、人々の生活とともにあった多くの普通種が含まれている。こうした危機的状況を打破するには、日本でも、環境再生のための積極的な対環境戦略を重視する方向への政策の転換が必要である。

2　なぜ生物多様性なのか

不健全化にどう抗するか

「自然破壊」、あるいは「生態系破壊」という言葉が用いられることがある。それは、自然または生態系が存在しなくなることを意味するというよりは、ある生態系が、組成、構造、機能が異なる別の生態系に変化することを表現する。人々は、かつての生態系が人々に提供していた豊穣な自然の恵みを新たに成立した生態系が提供できなくなると、生態系が破壊されたと感じるのであろう。人々が馴染み、また必要とする生態系は、生活に必要な自然の恵みを過不足なく提供してくれる生態系である。人々は、その恩恵に浴しながら地域に固有な生活と文化を築いてきた。健全な生態系とは、伝統的な生産や生活を成り立たせ、その地域らしい文化を築き上げる基盤ともなる生態系であるといえるだろう。

生態系の健全性を評価し、再生の具体的な目標を設定するには、生物多様性を指標として用いることが有効である。もちろん、数多くある望ましい機能を一つずつあげて評価することもできる。しかし、すべての機能を評価することはむずかしい。また、生態系の特定の機能だけに注目し、それを強化しようとすると、生態系全体のバランスや安定性を損なってしまう結果をもたらすおそれもある。

生物多様性は、生態系の多様な機能の源泉である。逆に、生態系の健全性が保障されてこそ、生物多様性が維持される。したがって、生物多様性は生態系の健全性のよい目安となる。その地域の生物多様性を特徴づけている種や種群をうまく選びだせば、その種の個体群の存続性や遺伝的な多様性の維持を目指すことを通じて、保全や再生のための具体的な手順を考えることができる。そのようにして、生物多様性や生態系の健全性の評価をより具体的に行うことができる。

巨大化したヒトのインパクトがもたらしつつある現代の、地域から地球規模までの生態系の不健全化は、生物多様性という記述手段を用いることによって、つぎのように表現することができるだろう。

地域においては、地域固有の生物が、個体群を縮小させ、遺伝的な多様性を失い、絶滅の危機を高めている。そうした生物は、土地の歴史が生みだし維持してきたものであり、地域の自然の豊かさを特徴づけるものであり、人々が長年慣れ親しんできたものである。そのような自然を支える生物の多様性が急速に低下しているのである。

一方、市街地や農地など、人為的干渉の大きい環境に適応した少数の「コスモポリタン」（汎世界種）とよばれる種が、世界中を席巻している。それらは、侵略的外来種として、地球規模での急速な生物相の均質化をもたらしている。単純化した生態系では、在来の生物が姿を消し侵略的な外来種が優占しがちであるが、それらの多くは、病害虫、雑草、害獣など、人間活動になんらかの支障をおよぼす生物であることが多い。このようにコスモポリタンが席巻する様は、世界中の都市で、昔ながらの店が廃業に追い込まれ、ファーストフード店に変わっていく現象とよく似ている。

このような自然の画一化が人々の「心の不健全化」をもたらすという問題も見逃せない。人々が身近な自然に愛着をもっていた時代であれば、それまで普通にみられた動植物が急に姿を消し、見慣れない生物が増え始めれば、すぐそれに気づき、不安や危機感を抱いたにちがいない。しかし現代の人々は、それに気づく余裕と感覚を欠いている。現在進みつつある急激な生物多様性の喪失は、私たちの子孫の世代に、さまざまな物質的・精神的な制約を課すにちがいない。ところが、多くの人々はこうした事態の進行に気づくこともなく、そのため危機感をもつこともない。生態系の危機に気づく機会に乏しい生活を営んでいるからである。

現代の人々は、人工的な環境と情報に囲まれて生活している。食べものといえども、その多くは、生活圏から程遠い生態系の産物である。こうした暮らしでは、生態系の不健全化に気づきにくい。人工的な環境では、生活に必要なあらゆるものが金銭の対価で際限なく得られるという錯覚に陥りがちである。都市的生活を営む現代人の多くが五感で生態系の不健全化に気づくのがむずかしいのは当然ともいえるだろう。そのエコロジカルフットプリントは、本来の生活の場ではなく、五感でとらえることのできない遠隔の地球上のいたるところに、生態学的な脈絡を欠いたまま分散しているからである。

絶滅の危機の深まり

地球規模でも、地域においても、現在では生態系の不健全化はかなり危機的なものとなっている。それにともない多くの生物種が絶滅の危機に瀕するほど減少したり、厳しい状況におかれている。その現状を多少なりとも客観的に表現しているのはレッドリストである。レッドリストは絶滅の危険にさらされている動物や植物をリストアップしたものである。

国際自然保護連合（ＩＵＣＮ）が作成した二〇〇四年のレッドリストで、地球規模での脊椎動物の絶滅危惧種についてみてみると、評価対象種に対する絶滅危惧種の割合は、鳥類で若干低いほかは、哺乳類から魚類までが、四分の一～三分の一程度の種で、絶滅の危険にさらされていることがわかる。哺乳類のなかでもヒトが属している霊長類は、とくに絶滅危惧種の割合が高く、半数もの種が絶滅危惧種となっている。

私たちの身のまわりにも絶滅危惧種となった生物種は少なくない。分類学の専門家の協力を得て環境省が作成した日本のレッドリストによると、哺乳類、両生類、汽水・淡水魚類、カタツムリなど陸生および淡水の貝類では、いずれも四分の一くらいの種が絶滅危惧種となっている。そのなかにはかつての身近な動植物種が数多く含まれている。たとえば、メダカやハマグリも、今では絶滅危惧種である。環境の変化に富み、比較的温暖で降水量に恵まれ、また多くの植物の局所的絶滅をもたらした最終氷河期の影響をあまり受けていない日本列島は、これまでは豊かな植物相を誇ってきた。しかし、現代になってその急速な貧困化が始まっている。現在では、維管束植物（種子植物とシダ植物）の絶滅危惧種は二割を超える。そのなかにはフジバカマ、キキョウ、サクラソウなど、かつてごく普通にみられた植物が多く含まれている。

これらの種に絶滅の危機をもたらした要因は、さまざまである。商業的な利用のための乱獲・過剰採集に加え、開発による生息・生育場所の喪失や分断によって個体群が縮小し、孤立することも大きな原因である。さらに、外来種によるさまざまな影響、汚染など環境の悪化なども無視できない。

汚染に関しては、水や大気の汚染だけではなく、動物にとっては餌の汚染が問題となる。食物連鎖を通じて毒性の高い化学物質が高次の捕食者になるほど濃縮されていく現象、「生物濃縮」は猛禽類などの高次捕食者にとって深刻な問題となる。すなわち、有機水銀やＰＣＢなどの油に溶けやすい汚染物質は、脂肪組織に濃縮されていく。食物連鎖が長くなればなるほど、その濃縮の度合いは高まる。魚を食べる海獣など高次捕食者の脂肪組織には、その濃度が著しく高まっている場合があり、濃縮された化学物質による免疫の弱体化がウイルス病に対する抵抗性を失わせ、海獣の大量死の一因ともなっていると推測されている。

あすはわが身

両生類には、カエルなど人里に近い水辺などで普通にみられる身近な生きものも含まれている。しかし、一九八〇年代の後半ごろに、世界中の両生類の専門家が、その急速な衰退に気づいた。その衰退の要因を検討する研究が進められると、多様な要因が浮かび上がってきた。

環境汚染の急激な進行、生息場所の分断・孤立化、外来生物による病原生物のもち込みに由来する疫病に加えて、人為に由来する地球環境変動が両生類に深刻な影響を与えている可能性も示唆された。今日では、温暖化に関連するとみられる異常気象が世界各地で頻発するようになっている。コスタリカの雲霧林に生息するオレンジヒキガエルを含む固有のカエルの何種かは、おそらく温暖化と関連した異常な干ばつの影響で絶滅したと推測されている。

地球環境変動がもたらすもう一つの大きな環境問題であるオゾン層の破壊・希薄化により、高緯度地方を中心に、生物に有害な紫外線が強くなっている。紫外線は、遺伝を担う物質である核酸の化学的な変化をもたらしやすく、突然変異が起こる率を高め、がんの原因ともなる。人間は、皮膚がんのリスクから身を守るために、日焼け止めクリームを塗ったり、素肌を日光にさらさぬよう服を着るなどの対策をとることができる。しかし、そうした防護手段をもたず、また、羽毛や毛がなく皮膚が露出している両生類などの動物は、高いリスクにさらされ続けることになる。すでに個体群が縮小し、孤立している生物は、地球温暖化や紫外線の増加が今後も続き、より深刻化すれば、適応進化や生息・生育域の変更などでそれらに対処することはむずかしい。このまま地球環境の変動が激化していけば、今後、種の絶滅はいっそう加速すると予測される。

動植物に絶滅のリスクをもたらす要因の多くは、ヒトの健康や安全へのリスクをもたらすものである。地球規模の環境変動も、地域規模の環境汚染も、今後、人間生活にさまざまな困難をもたらすと予測される。絶滅の危機にさらされた生物の現状を直視し、その原因をしっかりと見極めて、それを取り除く努力をすることは、ヒトが豊かで安全な生活を追求するうえでも必要なことである。

一方、ヒトの生活と生産活動は、多様な生きものが生みだす自然の営みや生態系のサービスで成り立っている。種の絶滅の連鎖によって、生態系が単純化し、その機能が損なわれていくことは、人間社会の持続可能性を大きく損なうものであるといわなければならない。

3　生態系の健全性と生物多様性

里山にみるスミレとアリの共生

伝統的な農業生態系においては、雑木林は、肥料や燃料などの生物資源を採集するための場であった。人々はそこで落ち葉かきをし、下草を刈り、山菜やキノコや木の実を採った。そのような人間の行為は、植生に対して攪乱の作用をもたらすが、多くの場合、それは適度な攪乱の範疇に入る。適度な攪乱は、雑木林など農業生態系を生息・生育場所とする動植物の生活にとっては欠かすことのできないものである。

植生を破壊する作用でもある攪乱は、密生した植生のなかに「隙間」、すなわちギャップをつくりだす。原生的な森林にも地表面までよく光の射し込むギャップを生活の場としている動植物がいる。人間活動によってギャップが確実につくられる里山は、明るい場所を好んで生活する動植物にとって暮らしやすい場であるといえる。

代表的な「春植物」であるカタクリ、アズマイチゲ、ニリンソウなどは春に日差しのよく差し込む、湿った落葉樹林の林床を生育の場とする。スミレ類やサクラソウなどの生活の場としては、落葉樹林のなかでも、とくにギャップが適している。

雑木林を歩いていると、苔むした樹木の枝が大きく分かれているようなところに、コスミレやタチツボスミレなどが、まるでブーケのように集まって花を咲かせていることがある。それは、ギャップを生活の場とするスミレ類とアリの共生的な生物間相互作用の証である（図7・1）。そこは、アリが餌にした後の昆虫の外骨格などを捨てるゴミ捨て場だったにちがいない。スミレ類の種子は、エライオゾームとよばれるアリの餌となる白い粒をつけている。アリはそれを目あてに種子を運ぶ。スミ

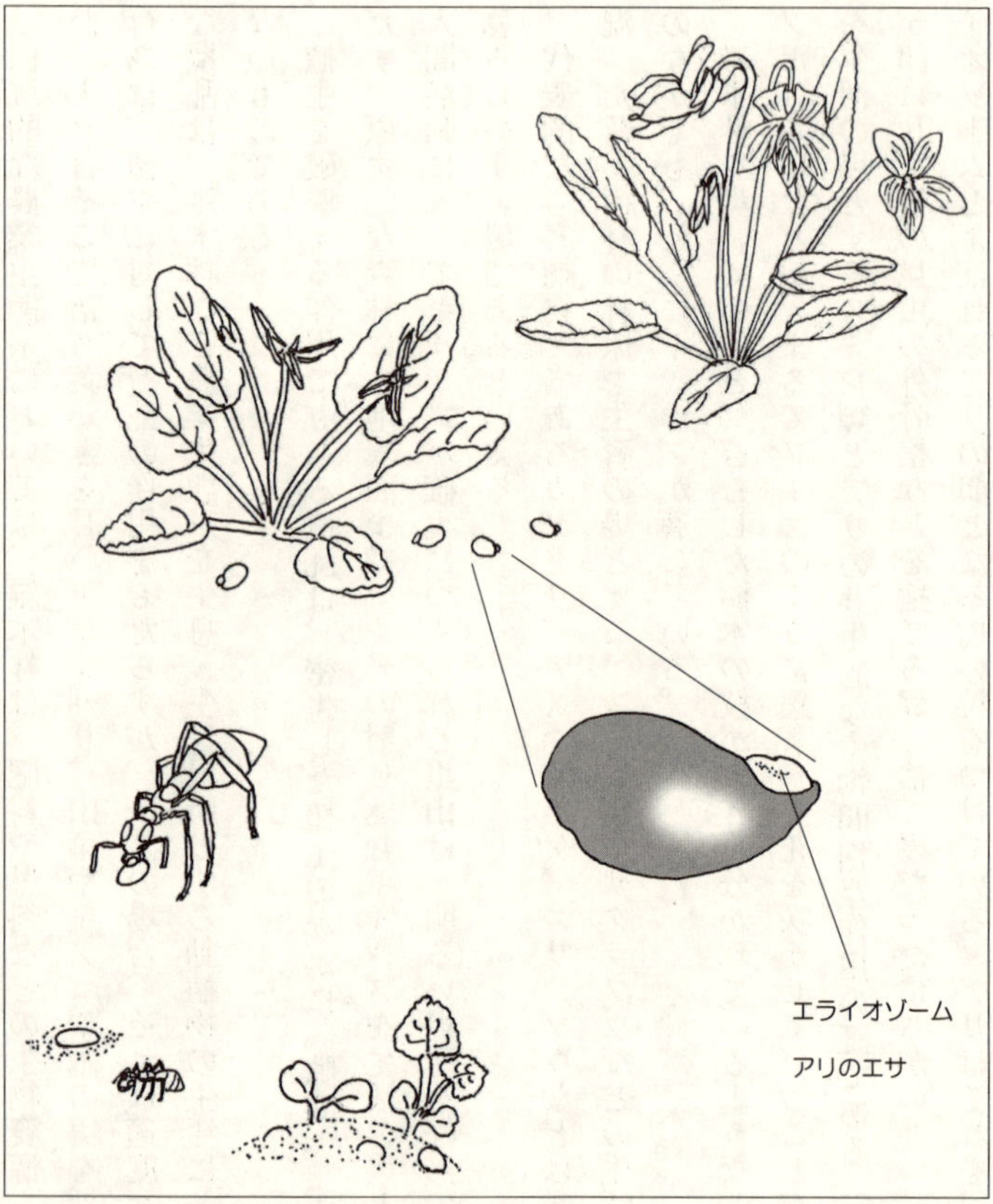

図 **7. 1** スミレの種子分散を助けるアリ

レ類の種子は、成熟すると鞘が乾燥してはじける力で自動的に数メートルほど飛んで地面に着地する。そのうちのあるものは、運よくアリに発見されて巣のなかに運び込まれる。アリの餌となるエライオゾームが外された後、アリにとって無用の長物となった種子は巣から運びだされて近くのゴミ捨て場に捨てられる。アリの巣が苔むした樹木の幹などにつくられていれば、ゴミ溜めでいっせいに芽生えた種子から、樹幹のスミレのブーケができあがるというわけである。

スミレ類の種子がアリによって運ばれることの意味に関しては、いくつかの仮説がある。もっとも有力なのは、同じような環境を好み、能動的に移動することができるアリに依存して、生育適地に種子を移動させるというものである。頻繁に攪乱が起こる里山の環境は移ろいやすい。明るい環境を生活の場に選ぶアリの力を借りれば、つねに発芽と実生定着に適したギャップのなかに種子を分散させることができる。しかも、ゴミ溜めという栄養分の豊かなミクロサイトでの芽生えの生育も可能となる。一方でアリは、スミレ類から、エライオゾームという餌を提供してもらうことができる。すなわち、両者の関係はおたがいに利益を受ける相利共生関係なのである。

里山の共生系

森林のなかのギャップでは、季節を通じて野の花が咲く。そこには、トラマルハナバチなどのマルハナバチが訪れて、餌となる蜜や花粉を集める一方、植物の授粉を助けている。こうした植物と昆虫の共生関係は「送粉共生」とよばれる。

そのような植物と昆虫との共生関係を維持するうえで、植物資源の利用やそのための管理といったヒトの活動の果たす役割は大きい（図7・2）。原生的な森林のなかにもギャップが形成されて、ギャップを好む動植物に生活の場を与えるが、ヒトによる定期的な攪乱は、これらの動植物の生活と共生関係をより安定的なものとする。ところが、一斉造林によって、落葉樹林が常緑針葉樹の植林地に変えられる一方で、雑木林での適度な攪乱をもたらす人間活動は縮小し、多くの場合、活動そのものがなくなってしまった。そのため、サクラソウなど、伝統的なヒトの営みと相性のよかったギャップ依存の植物は生活の場を失い衰退した。

伝統的な農業生態系は、適度なヒトの攪乱が、攪乱依存の生物に生活の場を与え、豊かな生物多様性が育まれた。加えて、そこでは、集落、田畑、草地、木立、樹林、水路、溜池など、ランドスケープレベルで異なる生態系がモザイクをなしていた。そうしたモザイクがさまざまな生息・生育場所を提供したこともまた、伝統的な農業生態系が、豊かな生物多様性を育んだ理由である。

伝統的な農業生態系が育んできた豊かな生物多様性は、伝統的な人々の活動が行われなくなって、急激な減少の危機を迎えている。農業の近代化、水路・水辺の人工護岸化、刈り場などの草地の減少、雑木林の放棄と針葉樹の植林地の造成などがその原因である。

図 7.2 ヒトと雑木林の生きものの共生——管理に依存する植物たち

4 生態系の不健全化

カタストロフィックシフト

生態系の健全性を失わせる変化は、一般に、連続的な変化ではなく、「相転移」というべき跳躍的な変化である。それは、その地域の人々が長年享受してきた「自然の恵み」を完全に途絶えさせてしまうような変化であることもしばしばである。

このような変化は、生態系に対する外力や生態系内部の状態がある限界を超えると、生態系がある相から別の相へと跳躍的に変化することによって引き起こされる。これまで安定していた相にあわせた伝統的な資源利用によって暮らしをつくってきた人々にとっては、以前に利用していた自然の恵みを提供されない別の相へのシフトは、伝統的な生活と生産を成り立たなくする変化ということになる。

もっともよく知られているカタストロフィックシフトは、浅い湖の「透明度が高く水草の揺らめく湖」から「植物プランクトンが優占する濁った湖」へのシフトである。これについては後にくわしく述べる。それ以外にも、類似したいくつかの相転移現象が生態学者の関心を引いてきた。

サンゴ礁は、生物多様性の高い生態系として知られている。しかし、現在では、世界的にその不健全化が問題となっている。カリブ海での研究結果によると、サンゴ礁は、陸地の土地利用変化にともなう富栄養化に、漁業の影響が加わって、大きな相変化を示すことが明らかとなった。栄養塩濃度がある程度高くなっても、植物食の魚とウニが海藻を食べることで、新たにできた空きニッチェにサンゴが移入し、サンゴ礁を発達させることができた。ところが漁業による乱獲で魚が少なくなり、また、病気によってウニの個体群が衰退すると、富栄養化に応じて旺盛に成長する褐藻が急速に増加し始めた。褐藻はサンゴの生育を阻害する。成熟した褐藻は硬く、植物食の動物の食害をほとんど受けないため、いったんこれが定着すると、たとえ魚やウニの個体群が回復したとしても、褐藻が優占する状態が持続し、サンゴ礁がふたたびもとのように発達することは望めない。

このように、作用因の変化に比して、もたらされる変化が非常に大きく、またそれがなんらかの意味で人間活動の可能性を損なうような生態系の不健全化を「カタストロフィックシフト」とよんでいる。カタストロフィックシフトは、早期警戒シグナルなしに突如として起こるところにその特徴がある。ひとたびシフトが起こってしまうと、管理によって対処することは容易ではない。また、そのような相転移を引き起こした作用因の状態をもとに戻しても相は移転したままであるという「ヒステリシス」（履歴現象）が認められるのが普通である。したがって、わずかな作用因の変化によってもたらされたシフトであるにせよ、それをもとに戻すためには、なんらかの大きな外力が必要となる。

草原か裸地か――二つに一つ

砂漠化も典型的なカタストロフィックシフトである。乾燥地では、生態系の安定な状態は、多年生植物の植生に覆われた状態か、裸地の状態のいずれかであり、中間的な状態が安定的に存在することはむずかしい。そのため、砂漠化が急速に進む地域では、植生がある程度残された場所と、ほとんど植生がみられない裸地化した場所が隣り合って存在する。その理由の一つとして、乾燥地で優占する多年草の成長には、正のフィードバックが存在することをあげることができる。

植生で覆われている場所では、土壌表面に植物残渣がたまっており、降水はその下の植物の根に吸収されて植物の成長に利用される。植物の成長は、土壌の植物残渣や有機物を増加させ、そのことが植物にとっての水の利用性を高めるという正のフィードバックが作用することで植生が安定的に維持される。しかし、干ばつや過放牧によって植被が除かれると、風や降水の作用に抗して有機物を保持していた土壌層が維持されにくくなる。降水は土壌表面を一瞬にして流れ去るか、地中深く染み込んでしまい、植生の発達に欠かせない芽生えなどの更新が不可能となる。

図7・3は、条件の変化に応じた生態系の平衡状態の変化を模式的に示したものである。この図の上部に示されているのは、五つの条件に対応する生態系の安定したランドスケープの模式図である。すなわち、平衡点とまわりの誘導域（くぼみ）および、平衡点が二つ存在する場合には、その間の丘が示されている。なんらかの外力は、丘を越えてほかの平衡点のくぼみへと状態を変化させる。

生態系の健全性を保つための管理では、予兆がなくともカタストロフィックシフトを起こさないように、予防的に対処する必要がある。一方、カタストロフィックシフトを起こして不健全化した生態系をふたたび健全なものとするためには、たんに作用因を取り除くだけでは不十分である。丘の向こ

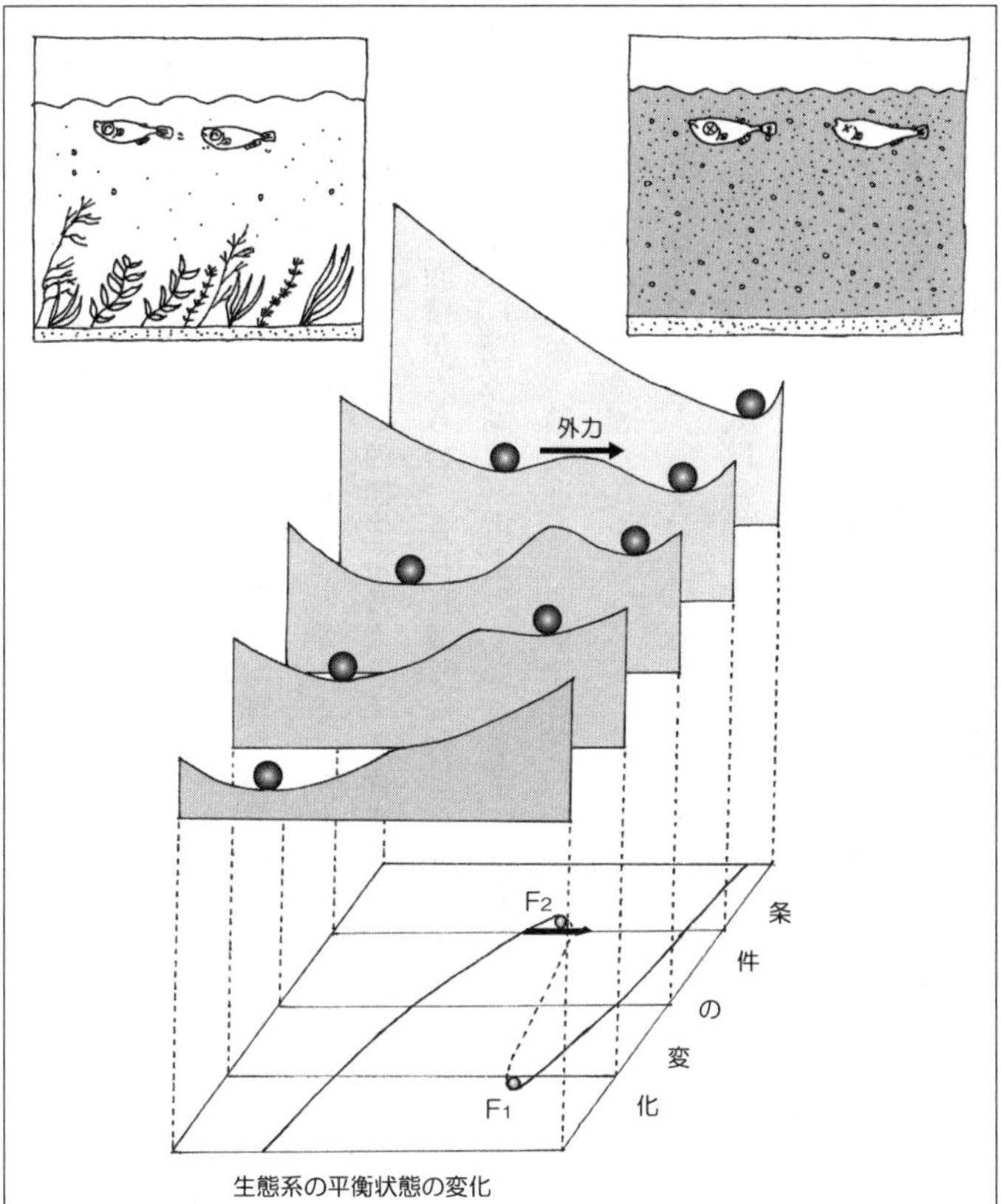

図 7.3 カタストロフィックシフトの模式図

うのくぼ地にもなぞられる、望ましい相転移にまで生態系を導くためには、なんらかの「ショック療法」、すなわち丘を越えさせるための外力が必要なのである。

水草揺らめく澄んだ湖からアオコの濁った湖へ

淡水生態系は、水がつくりだす比較的均質な環境のために、モデル化が容易である。そのため、これまでに、淡水生態系の生産性や食物網などに関して多くの研究がなされてきた。その結果、その健全性は、水辺のエコトーンの植生帯に大きく依存することが明らかにされた。浅い湖では、湖面積に比して植生帯の面積が大きい。さらに浅くなれば全域を植生が覆い、湖よりは沼とよぶにふさわしいものとなる。それら浅い湖は、古来人々にさまざまな恵みを与えてきた。しかし、近年になると人間活動による富栄養化が、透明度と沈水植物群落の同時喪失というカタストロフィックシフトをもたらす例が多くみられるようになった。

人間活動の影響をほとんど受けていない浅い湖の生態系は、豊かな沈水植物群落と高い透明度で特徴づけられる。流域での人間活動の影響によって富栄養化が進行しても、ある限界までは、透明度はそれほど大きく低下することはない。沈水植物が旺盛に成長することで、透明度が維持されるからである。しかし、富栄養化がある限界値を超えると、透明度の急激な低下が起こる。それは、一次生産者として沈水植物とは競争関係にある植物プランクトンが優勢になるためである。

透明度の低下は沈水植物の光合成に必要な光資源の低下を意味し、物質生産が抑制されて生育が阻害される。沈水植物が消失すれば、それにともない動物の多様性が低下する。植物プランクトンを餌にする動物プランクトンが減少するため、植物プランクトンが優占した状態が保たれやすくなる。いったん、このように変化した湖の状態をもとに戻すためには、栄養塩の負荷の変化をもたらした限界値以下に下げるだけでは不十分である。それよりもずっと低く栄養塩濃度を下げる、ないしはそのほかの外力によって初めて、沈水植物の優占する透明度の高い湖に復帰させることができる。

沈水植物が優占することによる植物プランクトンの抑制と透明度の維持には、すでに述べたことに加えて、さらにいくつかの要因が関係している。まず、沈水植物の成長により栄養塩が消費されること。沈水植物が、植物プランクトンの主要な捕食者であるミジンコなどの動物プランクトンが魚による捕食から逃れるための隠れ場所を提供すること。さらには、沈水植物が、湖底に沈殿した有機物の巻き上げを抑制することなどである。沈水植物は、それらによって自らが生育しやすい条件をつくりだしているともいえる。

これに対して、ミジンコを食べる魚は、透明度の低い湖の状態をつくりだすことに寄与しがちである。淡水生態系における漁業は、適切に行われれば、透明度が高く、水草が揺らめく健全な湖の生態系を維持することに役立つと考えられる。他方、護岸のために水辺がコンクリートで固められて沈水植物群落が失われたり、農薬の影響などでミジンコ類が失われると、植物プランクトンが優占する相への移行が促される。

世界中で浅水域の生態系の不健全化が進行している。それは、栄養塩や農薬を流入させる流域での人間活動、水辺植生の破壊、外来魚などの影響による漁業の衰退がもたらす結果である。それは、「水草揺らめく澄んだ湖」から「アオコの濁った湖」へのカタストロフィックシフトにほかならない。生態系の健全性を回復させるという観点からは、シフトをもたらした主要な要因を取り除くとともに、ヒステリシスを考慮しつつ、沈水植物群落を再生する方策を考えることが必須である。

5　不健全化からの脱却

単純化への巨大な圧力

現在の地球上では、農地、放牧地、植林地など、本来の生態系を大きく変えて、ヒトが利用している土地の面積は、陸地面積の六割を超える。人間活動が卓越したそれらの生態系における健全性の維持は、地球生態系全体の健全性に大きくかかわる問題である。

農地や植林地における健全性の喪失とは、生態系の画一化、単純化にほかならない。近代的で工業化された農業では、広大な面積に同一の作物、しかも同一品種を植えるのが普通である。当然のことながら、そこで生活できる生物の種類はきわめてかぎられる。その一方で、その作物を食害する害虫などは、豊富な餌資源を得て爆発的に個体群を増加させる。その被害を回避するために農薬が使われる。それに対して害虫が抵抗性を進化させるので、別の農薬が開発されて使われる。そのような「軍拡戦争」が続けられ、水や土壌が多種類の化学物質で汚染される事態となった。

最近では、遺伝子組み換え作物でそれに対処することも、アメリカ合衆国の農業では常套手段となった。単純化した農業生態系における象徴的な農法は、除草剤抵抗性を組み込んだ作物を大規模農地で特定の除草剤を使いながら栽培することである。アメリカ合衆国では、主要な作物は、すでにそのような方式の農法で生産されるようになった。効率と経済性が最大限追求されると、そのような征服型の農業でなければ、農家や企業は競争に勝ち残ることはできないからである。

自由貿易でアメリカ農業と張り合わざるをえない他国の農業部門も、効率的で経済性の高い農業を促進するため、画一化、単純化への大きな圧力のもとにある。国際的な自由競争は、少しでもコストパフォーマンスのよい生産手段を選ぶことを強く求める。そのことが、ヨーロッパや日本において、農業生態系が育む生物多様性の保全に対して、きわめて大きな脅威となっている。大規模化と化学的生物学的手段による効率化は、農業生態系が育む生物多様性とは大きな矛盾をはらまざるをえないのである。

畑のイネ科雑草の生育を徹底して抑えれば、若干の収量増によって生産者に経済的なメリットをもたらす。しかし、作物とともに育つ若干のイネ科の雑草の種実を餌として生活するヒバリなどの鳥の生活は成り立たなくなる。ヨーロッパでは、多少の雑草や害虫が畑にいて、その分、生産の効率という面で多少の被害があったとしても、生物多様性保全を通じた社会的な利益はより大きいと考えられるようになった。最近では、伝統的な農業を志す農業者への直接支払いの制度が広がりつつある。自由競争は、わずかなコスト減や利益増のために人間の行動に無理な変更をもたらしがちである。そうした変更がもたらす生物多様性の減少による社会的な損失は、そこで得られた利益では補えないほどに大きいのがつねである。それを是正する社会的な仕組みをつくりあげないかぎり、生態系の健全性を維持することはむずかしいだろう。

生態系を読み解き再編する

空間的に不均一で時間的にも変動する生態系をどのように把握するか、カタストロフィックシフトをどのように回避するかは、生態系の持続可能性を維持するためにきわめて重要な問題である。複雑な生態系のアセスメントやモニタリングにおいて、あらゆる要素と関係性を視野に入れた評価や監視は不可能である。生態系のダイナミズムにおいて重要な地位を占める種や種群を指標として、生態系の健全性を評価し、モニタリングしながら、順応的な管理によって、その保全や再生を進めていくことが、もっとも現実的で妥当な方法である。

指標となる種や種群としては、生態系の健全な相を安定化させているプロセスや関係などとかかわりがあるもので、予測のむずかしいカタストロフィックシフトの前兆をなんらかのかたちで体現するものが望ましい。しかし、そのような種や種群を適切に選択するには、当該生態系に関するある程度長期にわたる観察が必要となるだろう。

複雑な生態系の健全性を維持したり、回復させるための適切な管理を行うには、種、個体群、生態系などを対象とし、生物と環境との相互作用を広く扱う科学である生態学の知見やものの見方が欠かせない。また、知識や理解が十分でない段階でも管理を進めなければならない現代の私たちにとって、とりうる唯一のアプローチが、すでに第3章で述べた「順応的管理」である。それは、科学としての生態学の発展により可能となった、新たな生態系への向き合い方ともいえる。

第8章——再生事業からみた遺伝子・個体群・生態系

第7章では、健全な生態系の維持・回復には、生物多様性が指標として有効であり、それを用いて初めて科学的な計画やモニタリングをともなう実践が可能になることを述べた。

生物の多様性は、「遺伝子」の多様性、「種」の多様性、「生態系」の多様性を含む「生命の多様性」を広く包含する概念である。生物多様性の保全と持続可能な利用を目的とする国際連合の「生物多様性条約」には、二〇〇五年五月現在、日本を含む約一九〇カ国が加入している。このことからも、生物多様性の保全は、普遍的な理念として人類社会で共通に認められていることがわかる。

遺伝子から生態系までの階層を視野に入れて生物多様性の実態を明らかにすることは、人間活動がもたらす強い選択圧に対する適応進化を浮き彫りにすることにもつながる。遺伝子の多様性と種の多様性は、どのように生態系の健全性と結びついているのだろうか。また、科学的なデータを生態系再生の実践的な取り組みにつなげていくには、どのような生態学研究を進めればよいのだろうか。

そうした問いに答えるために、本章では、遺伝子・個体群・生態系の相互関係を理解したうえで生態系再生プロジェクトを行っている研究現場での研究成果を報告しよう。現場は、茨城県の「霞ヶ浦」、取り上げる種は「アサザ」である。また本章では、地下に隠された植物個体群や群集であるとみなされる「土壌シードバンク」を活用した生態系再生の技術的な可能性についても述べたい。

1 失われた移行帯

病んだ生態系の代表

生物多様性を生態系の健全性を示す尺度として用いるために提案された指標として、「個体群指標」がある。それは、それぞれの生態系のタイプを代表する動物種を指標として取り上げ、その個体群の平均的な動向によって、生態系の不健全さを評価するものである。

熱帯林の破壊などにより、森林生態系に生息する動物は、一九七〇年以降平均して個体群指標を一五ポイント程度減少させた。さらに劣化が著しい淡水生態系に生息する動物の個体群は、五四ポイント減である。このことから、生態系の不健全化がもっとも著しいものは、ウェットランドを含む淡水生態系であるといえる。

生活域の水辺の生物多様性がそれほどまで著しく損なわれたのは、富栄養化や水質汚染など、流域での農業・生活などの人間活動による負荷の増大によるものである。それに加えて、沿岸開発、護岸工事やその後の侵略的な外来種の蔓延による移行帯（エコトーン）の喪失なども、淡水生態系の不健全化をもたらす大きな要因である。淡水生態系は、水や生物資源利用の場でもあり、その不健全化は、持続可能性の確保にとっても由々しき問題であるといえる。

水辺には、多様な水草や湿生の植物が、水深や水による攪乱の影響の大きさのちがいに応じて、帯状に分布する。そのような移行帯の植生には、環境のちがいに応じて多種類の植物が生活している。植物の多様性は、同時に、植物を餌にする動物や、植物がつくる空間をすみ場所として生活する動物の多様性をも保障する。また、抽水植物や浮葉植物が特有の通気組織によって空気中の葉から根まで酸素を送ることにより、全体として嫌気的な底泥であっても根のまわりは好気的になる。その結果、硝化、脱窒などの作用を通じて物質循環を担う微生物にとっての環境も多様なものとなる。

そのため、水辺の移行帯は生物多様性のきわめて豊かな場となる。また、窒素循環などの物質循環をはじめとし、生きものの連携プレーによってかたちづくられる生態系の多様なサービスや機能を担うことも可能になる。湖の生態系全体の健全性にとって移行帯が重要な意味をもっているのは、そのためである。

しかし、治水や利水の効率性を高めるために、水辺はつぎつぎとコンクリート護岸化され、移行帯の植生の多くは喪失した。水辺の移行帯の再生は、生態系の健全性を取り戻し、生物多様性を適切に保全するために不可欠である。このように、淡水生態系の再生においては、水辺の移行帯の再生が最重要課題のひとつとなっている。

移行帯を取り戻す取り組みとアサザ

最近では、市民がアイディアを出し、市民が中心になって進める多様なプロジェクトもさかんになっている。私たちが研究現場として活用している霞ヶ浦においても、アサザをシンボルとした生態系と生物多様性の再生のプロジェクトが進められ、「NPOアサザ基金」(飯島博理事長)がリードする市民の活動などが展開している。

そこで私たちが行っているのは、いったんはコンクリート護岸化によって失われた水辺の移行帯の再生にかかわる研究である(図8・1)。とくに、移行帯として重要な、沈水植物帯と浮葉植物帯の再生を重視して研究を進めている。それは、すでにカタストロフィックシフトを起こし、不健全化した湖を、かつてみられたような水草揺らめく、水の澄んだ健全な湖に戻すための研究でもある。

アサザは、ユーラシア大陸とその周縁の島嶼に分布する水草である。やや富栄養化した水域で旺盛に成長するので、人間活動との相性はそれほど悪くはない。かつては、日本の湖沼や流れのゆるやかな川に広くみられる植物であった。また、人工的につくられた溜池や農業用水にも普通にみられる植物であった。

しかし、現在では全国的にその衰退が著しい。環境省のレッドリストでは絶滅危惧II類として掲載されているが、私たちの研究からは、その絶滅のリスクは見かけ以上に高く、きわめて厳しい状況にさらされていることが明らかにされている。

アサザの生活史

霞ヶ浦では、アサザは健全な生態系を取り戻すためのシンボルとされ、保全の取り組みが進められている。アサザを生態系の指標として水辺再生の取り組みに活かすには、その現状を科学的に正確に評価する必要がある。保護、保全、再生のためには、まず、その生活史をくわしく理解することから始めなければならない（図8・2）。

アサザは、平らで細い毛の生えている種子をつくるので、種子は水に浮きやすい。発芽実験によると、種子の発芽は水中では起こらず、低温にさらされた後、変温におかれると促進される。したがって野外では、渇水期の終わる春先に水辺に露出した土の上で発芽すると推測される。温度の日較差の大きい土の上であれば、種子は発芽に必要な変温にさらされるからである。実際、かつては春先に、水際線の近くにアサザの芽生えを多くみることができた。芽生えは定着すると、水位の上昇などに応じて水平に茎を伸ばし、成長すれば多くのシュート（茎葉）で広い水面を覆うようになる。湖面一面にこの植物の葉が浮かび、キュウリの花のような黄色い花を咲かせた光景は、人々をひきつけ、市民の水辺再生のシンボルとなった。

植物は、モジュール生物である。その体は、シュートなど、単位構造としてのモジュールが不定数

図 8.1 水辺の移行帯

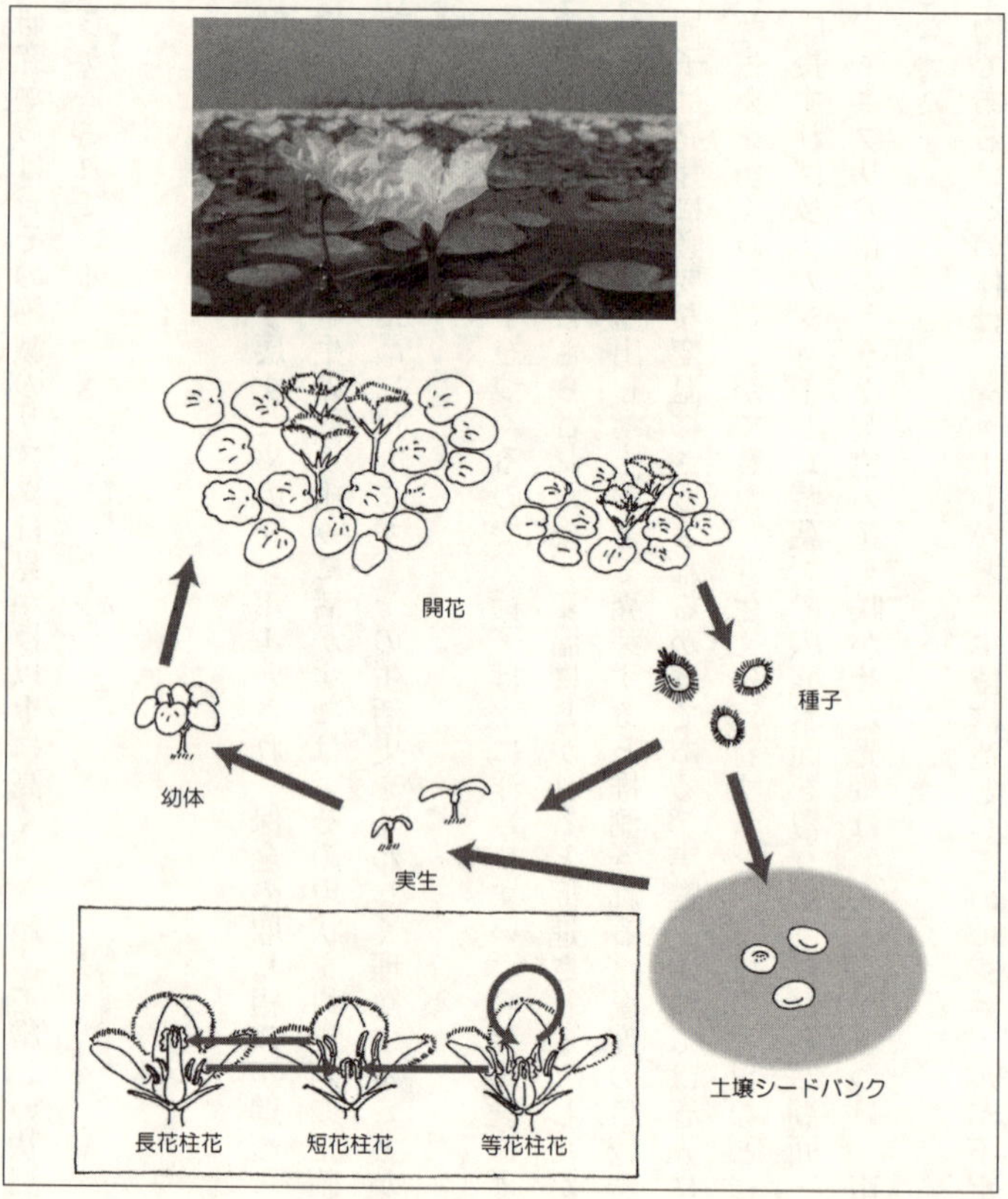

図 8.2 アサザとその生活史（撮影：高川晋一）

組み合わさって構成される。そのため、ときとして個体の範囲を肉眼で見分けることがむずかしい。種子が発芽し、定着した一つの芽生えが成長して広がった範囲の全体が、遺伝的な意味での個体であり、クローンである。クローンが二次元的に成長することを「クローン成長」とよぶ。また、クローンは、その一部がちぎれてほかの場所に定着することもある。その場合は、一つのクローンが、異なる場所に別々に生活することになる。

厳しい全国的な現状

ここでアサザが全国的にどのような現状にあるのかをみてみよう。クローン成長をする植物の場合、現状把握では、まず、遺伝的な意味での個体の範囲、すなわちクローンを見分けることが必要となる。肉眼での判断は必ずしも容易ではないため、同じクローンかどうかは、遺伝子で判断する必要がある。それに加えて、確認すべきことは、クローンの繁殖型である。アサザは、異型花柱性植物であり、二つの繁殖型の間での配偶が、健全な有性生殖をもたらす。アサザの主要な繁殖型としては、雌しべが長く、雄しべが短い花をつける「長花柱花タイプ」と、それとは反対に雌しべが短く、雄しべが長い花をつける「短花柱花タイプ」がある。それらは、動物のように、雌雄性の生物における雄と雌にあたるともいえる。短花柱花タイプどうし、長花柱花タイプどうしでは、授粉しても有性生殖ができない。ちがうタイプの間で花粉をやりとりすることで、健全な有性生殖ができるのである。

私たちの研究室の上杉龍二君は、博士論文をまとめるために、二年間にわたって、全国の約七〇カ所の自生地でアサザの現状を調査した。その全国行脚の調査により、アサザがおかれた、きわめて厳しい現状が明らかにされた。

アサザは、すでに述べたように異型花柱性という有性生殖の様式をもっており、有性生殖が成功するには、長花柱型のクローンと短花柱型のクローンの間での送粉が必要である。しかし、ほとんどの自生地では、アサザの花がみられても、一方の花型しか存在せず、有性生殖の可能性が断たれていた。また、長期にわたって開花が認められない集団も認められた。長花柱花タイプと短花柱花タイプが両方そろっていて、有性生殖の可能性が残されているのは、霞ヶ浦だけであった。

アサザは、霞ヶ浦以外にも、いくつかの自生地では、かなり広い面積を占め、いっけんすると健在であるかのようにみえた。しかし、遺伝マーカーを使って調べてみると、全体が同じクローンであった。けっきょく、全国で確認されたクローンの数は、予想よりもずっと少なく、わずか六一クローンであった。そのなかには、自生地ではすでに絶滅してしまい、クローンの一部が系統保存されているにすぎないものも含まれている。

霞ヶ浦では、そのうちの一八クローンが残されていた。しかし、それぞれが孤立しており、複数のクローンがみられたのは、麻生地区の群落だけであった。有性生殖に必要な二つの繁殖型である長花柱花タイプと短花柱花タイプが残されているのは麻生地区だけであった。

つまり、日本のアサザのなかで、健全な有性生殖のポテンシャルを残しているのは、霞ヶ浦の麻生地区の個体群だけというのが現状である。アサザが生物らしく有性生殖をして、子孫を残す可能性のある場所は、現在では霞ヶ浦だけとなってしまった。その霞ヶ浦でさえも、アサザ個体群の減少が続き、けっして安住の地とはいえないのである。

繁殖の最後の砦「霞ヶ浦」

私たちは、一〇年以上にわたって霞ヶ浦のアサザのモニタリング調査を継続している。霞ヶ浦のアサザは、一九九六年ごろから急速に、その衰退が目立つようになった。一九九六年には、長花柱型と短花柱型の両方がみられる数カ所を含めて、三四カ所でアサザの生育が認められていた。それが、二〇〇〇年までのわずか五年間に、一四カ所に減少し、群落面積も一〇分の一に衰退してしまった。

このような急速な衰退は、アサザにかぎったことではない。ほかの植物でも、私たちがモニタリングを続けているうちに、急激に減って絶滅寸前になり、緊急に保全・再生の対策を求める必要性が生じた種もある。第9章で紹介するカワラノギクはその例である。日本列島では、人間の生活域の生態系が急速に不健全化し、野生の動植物は、絶滅の危機をもたらすような強い圧力にさらされているのである。

アサザの衰退に関しては、その原因を究明し、保全対策を立てるための緊急対策が、国土交通省によって公共事業として実施された。アサザをシンボルとして、霞ヶ浦の健全な生態系を取り戻すための「アサザプロジェクト」を進める市民に加えて、私たちのような研究者も加わり、「順応的管理」の手法にのっとった検討と事業が行われた。それは、生物多様性を保全するという視点から水辺の移行帯を取り戻すための、日本で初めての公共事業であった。

アサザの個体群再生への取り組み

そこでは、アサザ個体群を土壌シードバンクから蘇らせるための取り組みが行われた。アサザの種子の寿命は長く、水面に生育するアサザが消えた後にも、その種子が湖底や水辺の土壌中で生き残っている。その種子からの発芽を促し、芽生えを定着させることが試みられた。

まず一九九六年のなかば以降に始まった、冬季に水位を高く保つ水位操作が緩和され、土壌シードバンクからの種子発芽が促された。生じた芽生えを、一部であるにせよ定着させるために、波よけを設置するなどして保護した。その結果、アサザが消えてしまった場所で、個体群の再生に部分的に成功したのである。

霞ヶ浦でまだ健全な種子繁殖が行われていたころには、アサザがどのような遺伝的な多様性をもっているかを調べる機会がなかった。調べ始めた時点では、すでに衰退がかなり進んでいた。ところが、アサザの芽生えを定着させることによって、アサザの個体群が失われた場所にふたたびアサザが蘇りつつある。それらの遺伝的な多様性を調べてみると、残存個体群には含まれていない遺伝子が認められた。つまり、土壌シードバンクのなかに保存されていた遺伝的な多様性を、生態系再生のための公共事業によって、多少なりとも取り戻せたのである。

2 不健全化した湖の現状

生態系の現状は未評価

霞ヶ浦の水辺から消えているのは、水面に葉を浮かせて生活するアサザのような浮葉植物だけではない。かつて水辺にみられた植物のかなり、とくに一般に藻とよばれる沈水植物はかつては数百ヘクタールの群落面積を誇っていたが、水辺のエコトーンを失った霞ヶ浦からはほぼ完全に消失した。今も霞ヶ浦にまとまった面積で残されているのは、ヨシやマコモのような抽水植物の群落である。空気中にまで葉を出している抽水植物の群落は、その面積は減少したものの、霞ヶ浦沿岸には、浮島湿原のように大面積のヨシ原も残されている。

ところが、沈水植物は、アサザなどの浮葉植物と比べても、その衰退がさらに著しい。霞ヶ浦における水草植生の分布面積の変遷をみてみると、沈水植物帯の減少がとくに著しい。霞ヶ浦は、広く浅い湖の特徴として、沈水植物が豊かな湖であった。しかし、現在では、その面積を算定することができないほど、沈水植物は衰退している。すでに、霞ヶ浦から絶滅してしまった沈水植物種も少なくない。

アサザの回復にとどまらず、水辺の移行帯にふさわしい多くの水草を土壌シードバンクから蘇らせる公共事業も実施された。再生の取り組みでは、水草の衰退をもたらした多様で複雑に絡み合う原因を理解し、まず容易に排除できる原因の除去に努める必要がある。そのためには、多くの複合的な要因が絡み合う現象の背後にある作用や相互作用についての適切な仮説を立てる必要がある。それは、科学的な計画にもとづく生態系再生事業の前提となる。

霞ヶ浦における水辺の植生帯衰退の原因としては、まず、流域の開発とそこでの農業や生活による湖の富栄養化や水質汚染の急激な進行があげられる。霞ヶ浦では、ひところみられたアオコの大発生のように、だれの目にも明らかな汚濁はなくなった。しかし、それは水質がよくなったことを意味するわけではない。

国立環境研究所のモニタリングデータによると、現在、霞ヶ浦での植物プランクトン相は安定せず、透明度は低い。生態系としての霞ヶ浦は、植物プランクトンが優占する透明度の低い相を越えて、さらに別の相に移行してしまった可能性もある。カタストロフィックシフトの末に、解釈・予測のむずかしい状態に陥っているとも考えられる。

現在の状態を生態学的に解明することは、沈水植物が優占する透明度の高い湖に戻すための、より有効な道を探るために欠かせない。それは、これまで科学的に解明されたことのない問題への挑戦でもある。たんに流域からの環境負荷をかつての水準まで減らしただけでは、生態系はもとに戻らないことが推測される。

移行帯の再生に必要なのは

移行帯の再生のためには、流域からの栄養塩負荷を減少させることが必要不可欠な条件である。沈水植物の優占する透明度の高い湖であったころに比べると、霞ヶ浦を取り囲む流域の森林面積は減少し、都市的な土地利用が増加している。農業についても、化学肥料や農薬が多投入され、畜産廃棄物が増えるようになった。さらに、霞ヶ浦自体でも、最近まで網生け簀でのコイの養殖によって、餌が多投入されていた。

移行帯再生に必要なのは、まず栄養塩濃度を低下させることである。そのためには、流域下水道を整備し、環境負荷の少ない農業を進めるなど、流域全体で、さまざまな取り組みが必要である。しかし、それを待つまでに植物の絶滅が起これば、ふたたび霞ヶ浦の水辺にふさわしい移行帯の再生は不可能となってしまう。完全に絶滅したものを、ふたたび蘇らせることはできないからである。

したがって、流域全体での問題解決を探る一方で、部分的にでも移行帯の植生を蘇らせて構成種の絶滅を防ぐこと、また、より効果的な再生技術を確立しておくことが必要である。同時に、カタストロフィックシフトからの復帰のための生態学的な条件を探り、復帰のための生態学的な技術を開発することも必要である。

3　土壌シードバンクからの植生再生

土壌シードバンクの可能性

植生帯が消失した大きな原因の一つは、霞ヶ浦を首都圏の水瓶として利用すべく、総合開発によって湖岸にコンクリート護岸が張り巡らされたことである。植生帯を一部でも再生させるために、すぐにでも着手できる対策が、この護岸の改良と土壌シードバンクの活用である。すでにコンクリート護岸になってしまった水辺に、かつてのような緩傾斜の地形を土木工事でつくりだす。そこに、霞ヶ浦の湖底で眠っている沈水植物やアサザなどの浮葉植物の種子を含む砂（浚渫土）を薄くまきだし、芽生えさせて植生を再生させる。

土壌シードバンクは、土中にあって目立たない。そのため、植物個体群の重要な要素でありながら、一般の人々による認知度は低い。しかし、種子の生態学に関する研究に従事するものにとっては、植物の個体群および群集の動態におけるその重要な役割から、強く関心を引かれる対象である。種ごとに異なるさまざまな種子の休眠・発芽戦略、すなわち生理的な「環境感知システム」は、適応進化によって磨かれた技ともいえる。こうした戦略を用いて環境の状態を探りながら、地上に植物体を出現させるチャンスを狙う土壌中のおびただしい種子には、いっけん静的にみえながらもしたたかな、植物の「生」が凝縮されている。

植物の種類によって種子の寿命は大きく異なる。なかには、数十年から数百年にもおよぶ長い寿命をもつものも少なくない。そのため、土のなかには生きた種子が蓄積している。それらをうまく目覚めさせることで、その地域からいったん消えてしまった植物を蘇らせることができる。

地域から消えてしまった植物を蘇らせるにあたって、ほかの地域から植物を導入すればよいという考え方もある。しかし、それは生物多様性の保全に反する行為になる場合が少なくない。「遺伝子の多様性」を守るということは、その地域に固有な遺伝子を残すことにほかならないからである。したがって、地上から消えてしまったと思われる植物については、まず、地域のどこかに残されている土壌中の種子を掘りあてる必要がある。

土のなかには、かつての植生の変遷に応じた、多様な植物の種子が眠っている。したがって、その場にふさわしい多様な種からなる植生を再生することが可能である。人間の浅知恵で、導入する植物の組み合わせを考えなくても、地域の系統を維持し、しかも水辺の多様な環境に適した組み合わせの植生を蘇らせることができる。私たちは、そのような生態学的な再生技術についての研究を、霞ヶ浦の現場で、実際の生態系再生事業に直接関与しながら進めてきた。

多様なセーフサイトを用意する

それぞれの植物種が、種子や芽生えの生活史段階における環境要求性を満たす「好みの」環境を選んで再生し、定着することを促すには、変化に富んだ微環境を用意する必要がある。それぞれの種が、発芽・実生定着において示す要求性を満たす場は、種子生態学では「セーフサイト」とよぶ。それは、実生が出現する場所と時を予見する際の重要な視点を与える。水生植物の生育場所にふさわしい範囲で、できるだけ多様なセーフサイトを用意することで、種ごとに異なるさまざまな要求性を満たし、結果として多くの種を再生できるはずである。

国土交通省が実施した再生事業においては、コンクリート護岸の湖側に緩傾斜の地形が造成された。そこには、変化に富んだ微地形が用意された。場所によっては水たまりができるようなくぼみを造成した。また、湖水による攪乱に変化を与えるために、波よけや石積みも造成された。そのようにしてつくられた人工の浜に、漁船の航路を確保するために浚渫された砂が薄くまきだされた（図8・3）。

国土交通省が実施したこの公共事業には、ＮＧＯの代表や研究者が計画づくりに加わった点で注目された。また、周辺の雑木林を手入れしつつ、そこで得られる粗朶を波よけに使うというアイディアは、市民の発案によるものであった。このようにして、水辺の再生と雑木林の再生が同時に達成できる仕組みができあがったのである。

一方、この公共事業は、世界初の生態系規模での土壌シードバンクのまきだし実験であったともいえる。その意味で、学術的な意義もきわめて大きいものであった。

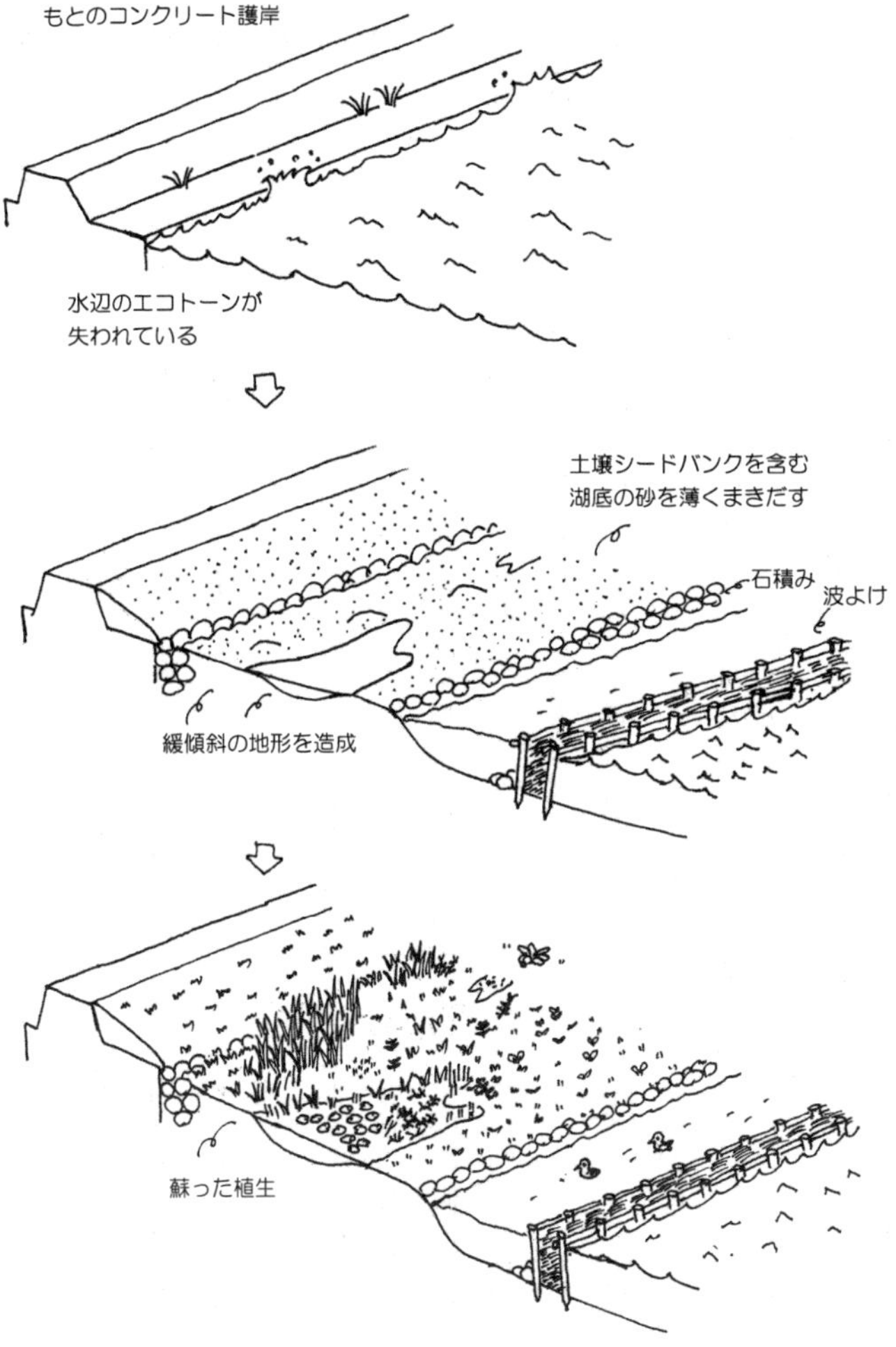

図 8.3 水辺移行帯の植生再生の手順

蘇った植生

土壌シードバンクのまきだしによって、私たちが予想したとおり、短期間のうちに植生が蘇ってきた。その事実は、種子生態学がこれまでに蓄積してきた科学的な理解や知見が応用面でも有効であることを実証した。この実験により、土壌シードバンクがいかに植生の動態に大きく寄与するかが証明されたのである。

コンクリート護岸の際まで波が打ちつけられ、植物が生きる場すらなかった湖岸の一部に、多様な植物が生育するウェットランドが一年余という短期間のうちに蘇った。もちろん、そのなかには、市民の活動のシンボルとなっているアサザも含まれていた。この事業は、多様な植物からなる移行帯の植生を基盤として成り立つ生態系、アサザをはじめとする何種かの絶滅危惧種を含む種の個体群、さらには種の遺伝的な多様性をも蘇らせるものであった。

私たちの研究室の西廣淳助手が中心となったこの研究により、土壌シードバンク（種子だけでなく栄養体からの再生もあるので、正確にはシードバンクおよび栄養体バンク）のポテンシャルは、私たちが予想していた以上のものであることが示された。ヨシやガマなどの抽水植物、アサザやヒシなどの浮葉植物、ササバモ、エビモ、マツバモなどの沈水植物、さらにはシャジクモ類も蘇ってきた。

心配されていた外来植物が猛威を振るうといった事態も、今のところは起こっていない。再生された場所では、植生をより良好な状態に維持するために、西廣助手が中心となり、市民、NGO、研究者の協働により、外来植物を除去する活動が行われている。

これまでのおもな研究成果は、シャジクモ、沈水植物、浮葉植物など、水辺の植生帯の全ゾーンに現れる植物を含む植生を取り戻すための方法が確立されたことである。この方法を用いれば、霞ヶ浦の湖岸線すべてに、移行帯の植生を回復させることが可能である。流域からの栄養塩負荷の抑制などの対策とともに、移行帯の積極的な再生を図ることで、蘇った沈水植物が透明度をさらに高めるという効果も期待できる。そのようにして、カタストロフィックシフトを逆に戻すような相転移を誘起することができるかもしれない。

トンボ池型ビオトープが果たす役割

私たちの研究拠点（東京大学二一世紀ＣＯＥ「生物多様性・生態系再生研究拠点」）の研究教育活動では、あらゆる面で市民との協働が重視されている。アサザプロジェクトの中心を担うアサザ基金によって、霞ヶ浦流域には多くのトンボ池型の「学校ビオトープ」がつくられている。それらのトンボ池は、湖のなかにあると絶滅の危険が免れないアサザなど、水草のクローンを系統保存する場となっている。すなわち、それぞれの系統の株に血統書ともいえる「アサザ由来証明書」をつけて、アサザの系統保存株を学校に預けている。

「トンボ池型ビオトープ」とは、土と植生で覆われた小規模な池のことである（図８・４）。そのような池を掘っておくと、トンボや小さなゲンゴロウ類などの水生昆虫がすみ込む。それを利用して、子どもたちのごく身近な環境に、自然観察の場をつくることができる。そこにどのようなトンボや水生昆虫がやってくるかを調べることで、トンボや水生昆虫の生態を研究する場としても活用できる。また、地域環境の手ごろなモニタリングに活用することも可能である。

これらの学校ビオトープは、私たちの研究拠点の活動フィールドとしても活用されている。また、大学院生が、学校ビオトープを活かした環境教育の実践に積極的にかかわっている。定期的に大学院生が学校を訪れて調査をすることがきっかけで、研究拠点と学校とが交流するようになり、生きもの好き、理科好きの子どもたちの発掘にも一役かっている。大学院生が水生昆虫を調査していると、それをまねて自分で調査を始める子どもがいる。トンボのヤゴやトンボの種類を見分けられる子どもの比率は、他地域よりも格段に高くなっている。

ここでは、活動のごく一部しか紹介できなかったが、私たちの研究拠点では、霞ヶ浦を現場として、アセスメント、モニタリング、順応的管理、再生技術のすべてに関する研究を実施している。カタストロフィックシフトによって沈水植物を失い、植物プランクトンの優占する濁った湖において、健全性を回復するための相転移をどのようにデザインすればよいのかを明らかにするには、水質、沈水植物、植物プランクトン、動物プランクトン、魚類の間の関係と、それらに影響を与える人間活動の諸相に関する、より深い理解とその統合が必要だからである。

図 **8. 4** トンボ池型ビオトープとその機能（撮影：後藤章）

第9章——侵略的外来種の影響と対策

第8章では、種の絶滅を防ぎ、健全な生態系を取り戻すための、遺伝子から生態系までを視野に入れた、総合的な研究の現場での取り組みについて紹介した。巨大化した人間活動の影響により、急速に変質し、単純化しつつある生態系において、カタストロフィックシフトは、一瞬ともいえる短期間のうちに著しい不健全化をもたらす。それを回避することは、現代の生態系管理において、もっとも重視すべきことである。いったんカタストロフィックシフトが起これば、健全性を取り戻す方途を探ることですら容易ではないからである。

カタストロフィックシフトをもたらす要因の一つが、侵略的外来種の影響である。現在では、本来の生息・生育域の外に生物が移動させられる機会が多く、外来生物が野生化して、生態系に大きな影響をおよぼすことが多くなってきた。それは、ときにはカタストロフィックシフトをもたらす。しかし、生態系への影響は、侵略的外来種が個体群を増大させてから目立つようになるため、生態系からの排除が困難になった後に、ようやく社会的に認識されることも少なくない。

侵略的外来種がもたらすカタストロフィックシフトを回避するには、適切なリスク評価を行うことで、生態系の健全性を失わせないように外来種を適切に管理する必要がある。本章では、いっけん目立たない外来生物でありながら、生態系に大きな影響をおよぼす昆虫と植物の事例を、私たちの研究対象から一例ずつ紹介する。

1　セイヨウオオマルハナバチの生態リスク

野生化の予想が的中

一九九六年、アメリカ合衆国を中心とする世界中のマルハナバチ研究者がつくる非公開のメーリングリストでは、日本におけるセイヨウオオマルハナバチの野生化の可能性とその影響についての議論が熱を帯びていた。そのきっかけは、同年の春、北海道でセイヨウオオマルハナバチが野生化する兆しがみえ始めたことである（図9・1）。

当時アメリカ合衆国やカナダでは、生態系への影響を懸念してセイヨウオオマルハナバチの輸入が禁止されていた。ところが日本では、野生化の可能性と生態系への影響を心配する研究者の声を無視して、温室内でのトマトの受粉のために、セイヨウオオマルハナバチの輸入が始まり、数年が経過していた。

一九九六年の春、私たちは、北海道の日高地方で、セイヨウオオマルハナバチの女王蜂を、野外で目撃した。しかもそれは、サクラソウとトラマルハナバチの生物間相互作用に関する共同研究のために来日していたニューヨーク州立大学生態進化学部長（当時）のジェームズ・トムソン教授を、北海道日高地方の私たちのフィールドに招いて調査をしている最中のできごとであった。

当時は世界中のマルハナバチの研究者間で、セイヨウオオマルハナバチの導入に関する議論がさかんだったこともあり、トムソン教授は、日本におけるセイヨウオオマルハナバチの定着の実態に強い関心を示した。そこでサクラソウの調査を一時中断して、トムソン教授といっしょにセイヨウオオマルハナバチが授粉昆虫として利用されている平取町の温室をみに行った。

その温室の下部は、換気のために開け放たれており、私たちの目の前で働き蜂が外に出てきた。温室の隣りにあるハスカップの畑では、セイヨウオオマルハナバチと在来のエゾオオマルハナバチが、ともにハスカップの花を訪れていた。

その晩、私たちは、高まる神経をなかなか抑えられなかった。セイヨウオオマルハナバチは、世界的にもその競争力の強さが認められている。この外来マルハナバチが、日本で野生化した場合、生態系への影響が今後どのようなものとなるのか。私たちは、これまでの知見と予測にもとづいて、夜が更けるまで語り合った。

図 9.1 北海道に定着して急速に増加し始めたセイヨウオオマルハナバチ
(撮影：松村千鶴)

花とマルハナバチの共生関係を研究する生態学者は、セイヨウオオマルハナバチの導入の当初から、その野生化と生態系への影響を強く懸念していた。そこで、農林水産省や輸入販売業者に導入を思いとどまるよう働きかけた。しかし、その声は無視され、マルハナバチはトマト栽培に広く利用されるようになった。ところが、その予想は的中し、導入開始からわずか数年で野生化が起こり始めた。

一九九六年の秋、私たちは同地域で野生のコロニーを発見した（私たちの研究室の松村千鶴博士が最初に確認し、その後のモニタリングにおいても中心的役割を果たしている）。日本で初めての報告となるその発見について、その詳細を述べることは紙幅の関係から差し控えるが、いくつもの偶然と必然が重なり合って、それはまるでドラマのような展開であった。花とポリネータ（授粉媒体）の共生関係、さらにはそれらとヒトとの絆を大切に思う私たちが、この問題といかに深い因縁をもっているのかをあらためて自覚させられた。導入当初から開放系に近いかたちでの利用の危険性について訴え続け、全国的な一斉調査というかたちで自主的なモニタリングを続けてきた私たちが、野生化の証拠を自らみつけることになったのである。

野生化の可能性

温室内で使用されるセイヨウオオマルハナバチのコロニーは、不妊の働き蜂だけが生産される季節を過ぎると、繁殖カーストである女王と雄蜂を生みだす。それら新女王と雄蜂は巣から離れる習性があり、温室が開放されていれば、野外に出て行く。トマトの栽培者が、つねにマルハナバチのコロニーをモニターし、新女王や雄蜂を生産し始めそうになったコロニーを破壊して処分しないかぎり、次世代の生産にかかわる新女王蜂や雄蜂などの個体が野外に逃げだすことは避けられない。

新女王や雄蜂が生まれるまでに成長したコロニーにも、授粉に役立つ働き蜂が多く残っている。そのため、そのころのコロニーでもトマトの授粉に十分に役立つ。利用者は、そのコロニーを破壊する気にはならないだろう。しかし、そのまま開放的な温室で利用し続ければ、ほぼ確実に新女王と雄蜂が逃げだし、野外で繁殖して野生の個体群に加入する。新たな健康な個体の加入が続けば、個体群が順調に成長していくだろう。セイヨウオオマルハナバチの野生化と個体群の成長については、このように推測されたのだが、北海道ではそれが現実のものとなった。

セイヨウオオマルハナバチの生態的な特性から考えて、日本のなかでもとくに涼しい地域では、野生化が起こりやすいと予想される。開放的な温室でセイヨウオオマルハナバチが使用されている地域の大部分で、相当数が温室から逸出し、そのなかから交尾と野外での営巣に成功する新女王が出る可能性は非常に高いと考えなければならない。

はたして日本でどのくらいセイヨウオオマルハナバチが定着しているのだろうか。一九九一年に輸入が開始されてから一九九六年までに、トマトの授粉のために日本で販売されたコロニーの合計数は一〇万コロニーを超えていた。野生化は、起こるべくして起こったといえる。監視を怠らなかった私たちがそれをみつけたのは、けっして偶然ではなく、むしろ必然であったともいえる。

二〇〇四年現在では、おそらくその累積利用数は、百万コロニーを超えていると推定される。しかも、その使用は、日常的な逸出を許す、きわめて開放的な方法で行われている。このような使用が続いているかぎり、野生化にとどまらず、在来種数を大きくしのぐほどの個体群の成長が起こることは避けられない。

予想されるリスク

私たちが、セイヨウオオマルハナバチ導入の当初からリスクとして想定したことがいくつかある。それは、ニュージーランドをはじめとして、すでにセイヨウオオマルハナバチが原産地域以外に定着した実例から、「起こる可能性」を予想できる事柄でもある。マルハナバチの生態、とくに植物との送粉共生系に関心をもつ研究者の間ではそれは常識に近い理解となっていた。私たちが導入に反対したのは、そのためである。

外来生物一般に共通するリスクとして、まず想定しなければならないのは、競争を通じた、共通の資源に依存する在来生物への負の影響である。競争は、同様の資源に依存して生活している在来種がいる場合には、必ず問題となる。生態学における競争とは、餌、営巣場所、そのほか生活に欠かせないなんらかの資源を奪い合うことである。マルハナバチ類の場合であれば、餌としては花蜜と花粉、営巣場所としてはネズミの古巣などというように、生活に必要な資源の共通性が高く、それだけに競争は熾烈なものとならざるをえない。

これまでの生態学の経験と理論からいえば、外来生物と在来生物の間の競争では、必ずといってよいほど在来生物の側に不利益が生じる。在来生物は当該地域の環境によりよく適応しているという点で有利であるが、外来生物は生態的開放といういっそう大きな優位性をもっている。すなわち、外来生物は、天敵や寄生者などの負の効果を免れているのである。そのため健康でタフな外来生物は、多くの病原生物や寄生者にたかられ、しがらみのなかで生きている在来生物とは、互角以上の力を発揮して競い合うことができる。しかも、持続的に大量に利用され、つねに健康な個体が個体群に加入し続ける状態にあれば、個体群は新鮮で健康な状態に保たれ、増殖率が高く保たれるのは当然である。

セイヨウオオマルハナバチはまず、そのような外来生物に有利な競争を通じて、日本の在来のマルハナバチに大きな影響をおよぼすものと考えられる。生息場所の分断・孤立化や、農薬の空中散布の影響などで、在来のマルハナバチは衰退傾向にあると考えられている。そこに強力な競争相手が現れたわけである。在来のマルハナバチが、いっそう衰退し、絶滅リスクを増大させることが危惧される。

私たちが心配した在来生物との競争による置き換わりの危険は、二〇〇〇年ごろになると、現実のデータに現れるようになってきた。二〇〇四年までには、全国で累積四千頭ものセイヨウオオマルハナバチが捕獲されるほど、その数は増加した。捕獲はこの問題に深い関心を寄せる少数の研究者によるものであり、全国的な現状把握には程遠い。しかし、少なくとも研究者による監視が行われている日高地方では、二〇〇〇年以降のマルハナバチの増加は顕著である。この地域では、二〇〇三年には、八つもの野生の巣がみつかった。在来のマルハナバチでは、一種について、これほど多くの巣がみつかることはめずらしい。二〇〇五年春には、一つのモニタリングサイト（個人の庭）だけで四百頭の女王蜂が捕獲された。

つぎに心配すべきリスクは、セイヨウオオマルハナバチが、在来のマルハナバチにとって致命的な病気をもち込む可能性である。セイヨウオオマルハナバチはすでに免疫をもっているが、セイヨウオオマルハナバチにとってはたいしたことのない慢性病でも、在来のマルハナバチにとっては初めて遭遇するため、致命的な病気となることが危惧される。

生物の個体群の接触で病気が蔓延する例は、これまでに数多く知られている。たとえば、ヨーロッパからの植民者がもたらした天然痘が、アメリカの先住民に大量死をもたらしたことなどである。病気の伝播は、侵入がもたらす最悪の影響である。しかし、野生生物の病気については、これまで研究がほとんどなく、予測がむずかしい。

二〇〇四年にセイヨウオオマルハナバチの野生化が進んでいる地域で、私たちの研究室の中島真紀さんが在来のマルハナバチの巣を調査した際に、セイヨウオオマルハナバチの働き蜂が在来マルハナバチの巣のなかでいっしょに働いている事実が明らかになった。セイヨウオオマルハナバチと在来種が、同じ巣のなかでともに生活することがあるということは、病原生物の受け渡しが容易に起こりうることを示唆している。

以上述べてきた問題点を総合すると、セイヨウオオマルハナバチをこのまま開放系で使い続け、また、定着した個体群の制御を行わなければ、その個体群は着実に成長し、在来のマルハナバチの個体群を衰退させることは確実といわなければならない。

野生植物におよぶ影響

マルハナバチ類は、野生の植物の授粉に重要な役割を果たしている。したがって、つぎに心配しなければならないのは、在来のマルハナバチに授粉を頼る植物への二次的な影響である。セイヨウオオマルハナバチが、花蜜や花粉を巡る競争を通じて在来のハチを衰退させるとすると、競争で排除されたハチが担っていた授粉の一部を、セイヨウオオマルハナバチが担うことも考えられる。

しかし、同じ地域で暮らす植物とマルハナバチは、おたがいに淘汰圧をおよぼしつつ進化している。それぞれの種が利用する花との関係も、共進化によって比較的密接なものとなっている。たとえばサクラソウは、トラマルハナバチの女王による授粉に適応した花のかたちや開花時期などを進化させている。そのため、トラマルハナバチの女王がいなくなれば、種子生産に大きな支障が生じる。セイヨウオオマルハナバチの花資源の利用様式は、在来のハチと大きく異なっているので、多くの在来植物の繁殖にはほとんど寄与しないと考えられる。

セイヨウオオマルハナバチは、マルハナバチのなかでも、舌の短い部類に入る。正規のやり方で花に舌を差し込まず、蜜腺のあたりをかみ切って蜜だけを盗む。その場合は、授粉には寄与しない。盗蜜癖が強いのも、舌が短いことと無関係ではない。トラマルハナバチのような舌の長い在来のマルハナバチが、営巣場所を巡る競争に負けたり、病気をうつされて衰退すれば、その悪影響は、トラマルハナバチに依存して授粉をゆだねていたサクラソウのような花筒の長い花の植物にもおよぶ。舌の長いマルハナバチと密接な共生関係にあるそれらの植物の花については、セイヨウオオマルハナバチがそれを訪れて、代わりに授粉をすることはありえない。訪れるとすれば、それは盗蜜のためであろう。

すでに、在来マルハナバチの減少により、花が咲いても授粉が制限されて、実が実ることのない「実りなき秋」が問題になり始めている。そのような野生植物にとって、外来生物の蔓延は、いっそう厳しい「実りなき秋」の訪れをもたらすことにつながる。

リスク認識のための生態系リテラシー

すでに述べたように、野生化したセイヨウオオマルハナバチは、在来のマルハナバチと比べて、高い花資源利用能力をもっている。このまま野生化が進むと、花資源や営巣場所を巡る競争を通じて、在来のマルハナバチを排除する可能性が高い。野生化したセイヨウオオマルハナバチは、一九九六年に北海道で野生のコロニーが発見された以降も、着実に定着して、その数を急速に増加させ、現在では、在来種をしのぐ密度で生息している地域も増えつつあるようだ。こうした地域では、在来のマルハナバチと共生的関係にある野生植物の繁殖への影響が危惧されている。

私たちは、このように、生物間相互作用を介して、生態系を徐々に変質させ、単純化させていくリスクを重大視している。しかし、残念ながら、一般にはその重大性に対する認識は社会的に受け入れられ広まっているとはいいがたい。

このようなリスクを実感するには、生態系のなかに網の目のように広がる生物間の関係に関する具体的なイメージを抱くことが必要である。そのようなイメージが描けるようになるには、幼少期から、実体験をともなう自然環境学習の機会を多く与えられなければならない。そのような経験なしには、生態系を読み解く力、生態系リテラシーを高めることはむずかしい。

外来種によって急速に生態系が変化させられつつある現在、すでに定着を始めた外来生物については、市民参加による排除活動が必要となっている。このような実際の対策が行われている現場を研究の場とすることはもちろん、環境学習プログラム実施の場としても積極的に活用すべきであろう。そうすることが、社会全体の生態系リテラシーを高めるための戦略としても有効であると思われる。

野生巣発見以来、「保全生態学研究会」が、セイヨウオオマルハナバチの全国的なモニタリングを実施してきた。地域によっては、セイヨウオオマルハナバチが在来種をしのぐ勢いで増え始めた二〇〇三年ごろから、この問題に関心を寄せる若手研究者が、その排除・調査活動を強化した。さらに、二〇〇四年からは、市民ボランティアおよび環境分野での社会的貢献を重視する外食産業のアレフ(レストランチェーンのビックリ・ドンキーを経営)の協力を得て、問題が深刻化している北海道でセイヨウオオマルハナバチの排除活動が実践されている。

2　外来緑化植物がもたらす災禍

河原の生物多様性が迎えた危機

日本列島は、湿潤温帯としては世界有数の生物多様性を誇る。その多様性の屋台骨ともいえるのが、自生の維管束植物六千種以上からなる植物相の豊かさである。植物の多様性が、消費者や分解者の多様性も決めることは、すでに第1章で述べた。

日本列島は、面積は狭くとも南北に長く、標高の高い脊梁山脈をもつことから、気候の多様性に富んでいる。また、地史的にも、アジア大陸との間で幾度となく連続と分離を繰り返したこと、氷河期に氷河の影響をそれほど受けなかったことから、氷河期の遺存生物など、多様な生物の生存を可能なものとしてきた。

日本列島はまた、火山や地震の多い環太平洋火山帯に位置し、火山活動などが生態系に攪乱をもたらしてきた。さらに、台風や積雪など、メリハリのきいた気象も、生態系に攪乱の機会を与えてきた。そうした自然の攪乱も、生物多様性の豊かさに寄与してきた。森林には大小のギャップが形成され、急峻な地形によって急流となる河川の中流域には、植被の疎らな明るい河原環境が生みだされてきた。

洪水による攪乱がもたらす河原の明るい立地に成立する生態系に、今では危機がもたらされている。それは、外来牧草やマメ科の樹木が明るい立地に蔓延したためである。その原因は、さまざまな土木工事の際に、そうした外来植物を意図的に、かつ大量に導入したことにある。道路工事にともなうのり面処理、砂防・治山工事、ダムサイトの緑化などによって、これら緑化植物の群落が上流部につねに存在する。そこが種子供給源となって、河原などの明るい立地に絶えず種子が供給される。

国土全体に森林が発達しやすい日本列島では、攪乱とストレスが強く支配することで樹林に覆われない場所は、生物多様性の保全上、とくに重要な場所である。急流河川が中流域につくる砂礫質河原は、そのような場所の代表的なものである。

しかし、現在では、イネ科の外来牧草が侵入して草原化する一方で、マメ科の緑化樹ハリエンジュが樹林化をもたらし、本来の白い河原は急速に緑の河原に変わりつつある。それは砂礫質の河原の固有な植生と生態系の喪失を意味する。河原の生態系の変化は、五年ごとに日本の主要な河川で実施されている河川水辺の国勢調査の結果からもその実態をうかがい知ることができるが、現在進みつつあるあまりにも急激な変化は、五年ごとの調査からではとらえきれないほどである。

私たちの研究室では、村中孝司博士が中心となって一九九〇年代のなかば過ぎから現在まで、関東地方でもっとも広大な砂礫質河原を擁する鬼怒川において、植生変化のモニタリングを続けている（図9・2）。鬼怒川では、周囲が都市化した中流域でも、下流側では川らしい植生はすでに失われており、農耕地や空き地に普通にみられるセイタカアワダチソウなどの外来雑草の侵入が目立つ。しかし、一九九〇年代のなかばまでは、利根川合流点からおよそ八〇キロメートル遡ったあたりから上流側には、河原らしい植生が残されていた。ところが現在、その植生は、急激に変化しつつある。すなわち、数年のうちに河原固有種は衰退、あるいは完全に消失し、シナダレスズメガヤが優占する草原へと変化しつつあるのである。

図 9.2 砂礫質河原とカワラノギク（撮影：村中孝司）

カワラノギクの衰退はとくに著しく、一九九六年ごろに一〇万株以上が生育していたものが、二〇〇二年には百株程度に減少してしまった。もともと少なかったカワラニガナとともに、絶滅寸前の状態にまで陥ったのである。カワラノギクをモデル植物として取り上げた詳細な生態学的検討の結果、外来牧草の侵入は、河原の絶滅危惧種の複合的な絶滅要因のなかでもとくに重要な要因であり、そのことが、河原固有の植物の絶滅リスクを高めていることが明らかにされた。

必然的な外来牧草の蔓延

鬼怒川で短期間のうちに河原の生態系を変化させた外来牧草は、のり面の緑化材料として一時期広く使われたシナダレスズメガヤである。全国の河川に進入した外来牧草のうち、とくに生態系への影響力が大きい外来牧草としては、シナダレスズメガヤのほかに、オニウシノケグサ、ヒロハウシノケグサ、その交配品種、ネズミムギ、ホソムギ、その交配品種、などをあげることができる。

高度成長期以降、山がちな国土の隅々まで張り巡らせるべく道路網を整備するための道路建設工事にともない、広大なのり面が生じた。その崩壊を防ぐための処理には緑化工が施された。安価で画一化した工法としてとくに広く利用されたのは、外来牧草を材料とする急速緑化法である。それは、外来牧草の種子、肥料、マルチング材を混合して、エアーガンやポンプで斜面に吹きつける工法である。モルタルやコンクリートの吹きつけと同じ要領で工事が行われた。その後、外来牧草の種子を含んだピートモスなどの基材を、セメントミルクなどを使って、岩盤に吹きつける厚層基材吹付工が開発されて、崩壊のおそれのない岩盤土壌にさえ、景観上の理由などで緑化が広く行われるようになった。

これらの植物は、攪乱依存の植物であり、もともと不安定で乾燥しがちな土壌条件などによく耐えるものが、さらにその性質を強めるように育種されたものである。また、その用途からして、発達した根系により株元に砂をためるなど、基盤条件を変化させる性質をもつものが選択されている。河原のような不安定な立地は、そのような緑化植物にとっては絶好の生育適地であるといえる。

増水による裸地化が頻繁に起こる河原は、特有の攪乱条件に適応した河原固有の植物の生育に適した場である。それは同時に、外来牧草を含めた攪乱依存の外来植物の侵入を受けやすい場であることを意味する。河川のまわりには、変化に富んだ微地形と流路からの距離に応じて、攪乱の程度の異なる多様な立地が存在する。外来植物は、自らの生育に適した立地を選択して侵入を果たすことができる。

日本の河川では、治水、利水のための管理が徹底的に強化されているので、河原の環境条件は、かつてとは大きく異なっている。河岸地形の複断面化と河川水量の平準化は、そうした管理の結果であるが、それがいっそう外来牧草の侵入を促している。

本来の河川は、流域における降水に応じて、流れる水量が変動する。増水の程度はさまざまであるので、河原は冠水頻度の異なるさまざまな場から構成される。ところが、現在のように治水・利水のために流量が強くコントロールされた河川では、台風や大雨による増水時以外は、つねに同程度の量の水が流れ続ける。そのため、流路は固定され、深さを増す方向に侵食が起こり、高水敷（洪水時にのみ水を被る河原）と流路との高さの差が拡大してしまう。それによって、増水時における冠水頻度と冠水面積が減少し、かつての河原にみられたような冠水の程度がそれぞれに異なる多様な微環境が失われた。

本来ならば河川敷は、石や砂で覆われ、植物が疎らに生えている。そこに、シナダレスズメガヤなどが侵入して群生するのは、その生育に適した高水敷面積の拡大と無関係ではない。さらに、砂防やのり面緑化に利用される外来牧草は、いったん侵入すると、株元に砂を捕捉して動きにくくする。つまり、河原の基盤をさらに安定化して自らの生育に適した条件に変えるのである。

そのような正のフィードバックは、冠水頻度の低下と相まって、砂礫質で植被が疎らな白い河原から、緑の草原への急激なカタストロフィックなシフトをもたらす要因の一つである。鬼怒川においても、一九九〇年代後半以降、きわめて短期間のうちに、中流域の砂礫質河原の草原化が進行したのである。

マメ科のハリエンジュがはびこることによる樹林化も、同様のカタストロフィックシフトである。マメ科植物は、共生細菌による窒素固定により土壌を富栄養化する。ハリエンジュによる樹林化が始まると、農耕地の雑草になるような好窒素性の外来植物が生育しやすくなり、河原本来の環境条件は失われる。いったん草原化や樹林化が始まると、増水時にも、その抵抗により水が流れにくく、いっそう土砂が堆積する。さらに土砂の堆積がもたらす地形の変化により、草原化、樹林化が進みやすくなる。河原はいったん緑に染まり始めると、正のフィードバックにより、緑は加速度的に濃くなり、草原や樹林の相に完全にシフトする。

本来の河原では、河川の攪乱を受けて、植生が定期的に裸地化されることで、疎らな植被を特徴とする中流域に特有な生態系が維持された。しかし、外来種が侵入して、草原化や樹林化への相転移が起こった後は、たとえ以前のような水量変動や攪乱がある程度戻ったとしても、裸地化が起こりにくく、外来種の草原や樹林が維持されやすい。第7章ですでに述べたように、もたらされた相転移の方向への変化と、それがもとに戻る逆向きの変化の間には、ヒステリシスが存在し、生態系は同じ道を後戻りすることはできないのである。

シナダレスズメガヤの侵入によって短期間のうちに損なわれた砂礫質河原の生物多様性の保全と再生をテーマとした生態系再生の取り組みが、二〇〇一年から鬼怒川で進められている。それは、国土交通省、氏家町、地元の市民団体などがかかわる生態系再生の取り組みである。私たちの研究室は、生態学的な計画策定とモニタリングを含む順応的管理にかかわっている。

ここでの試みは、河原の一部で重機を用いてシナダレスズメガヤをはぎとり、散水によって砂礫質の基盤条件を再生し、そこに絶滅に瀕したカワラノギクの種子を播種するものである。それによって、カワラノギクほかの河原固有の植物と、それらがつくる疎らな植被を生活の場とする昆虫の生息・生育場所を回復させるのがねらいである。これは、河原のカタストロフィックシフトを逆に戻す荒療治である（図9・3）。

生態学と河川工学の知恵を結合した砂礫質河原の部分的な回復のための技術と回復計画は、指標としたカワラノギクの個体群回復からみるかぎり、予想以上に有効であることが村中孝司博士の調査により示された。二〇〇四年度には、一九九〇年代なかばに確認されていた開花株数にも匹敵するほど、めざましい個体群の回復が認められている。

草原化、樹林化した河原を、砂礫質の河原らしい生態系に再生させることは、河原に固有な植物や昆虫などの絶滅を防ぎ、生物多様性と生態系の健全性を維持するために欠かせない。先の試みでは、部分的に河原らしい環境条件を回復させる技術を確立できた。しかし、根本的な解決のためには、流域における外来牧草の種子供給源を減少させる「もとから絶つ」方策や、河川の生態系を維持するにふさわしい攪乱条件を取り戻す河川管理への変更などが必要である。

しかし、そのような条件が取り戻されただけでは、本来の生態系に復帰させることを期待するのはむずかしい。草原あるいは樹林という別の相で安定している生態系をもとに戻すには、ヘテロシスを克服して、復帰に向けるなんらかの外力が必要となるからである。すなわち、緑の河原から以前のような白い河原に戻すには、同時に外来牧草や外来マメ科樹木などを大面積にわたってはぎとったり、伐採するなどの「荒療治」が欠かせない。その効果をあらかじめ確かめ、より効果的な復帰のための方法を検討するには、鬼怒川で実施されているような、ヘクタール単位の小規模な再生実験が有効であると思われる。

シナダレスズメガヤの個体群の成長と分布拡大は、その生活史特性をふまえたシミュレーションモデルで予測ができる。それを利用し、投入できるコストや場所の条件に応じて、どの場所で、どのく

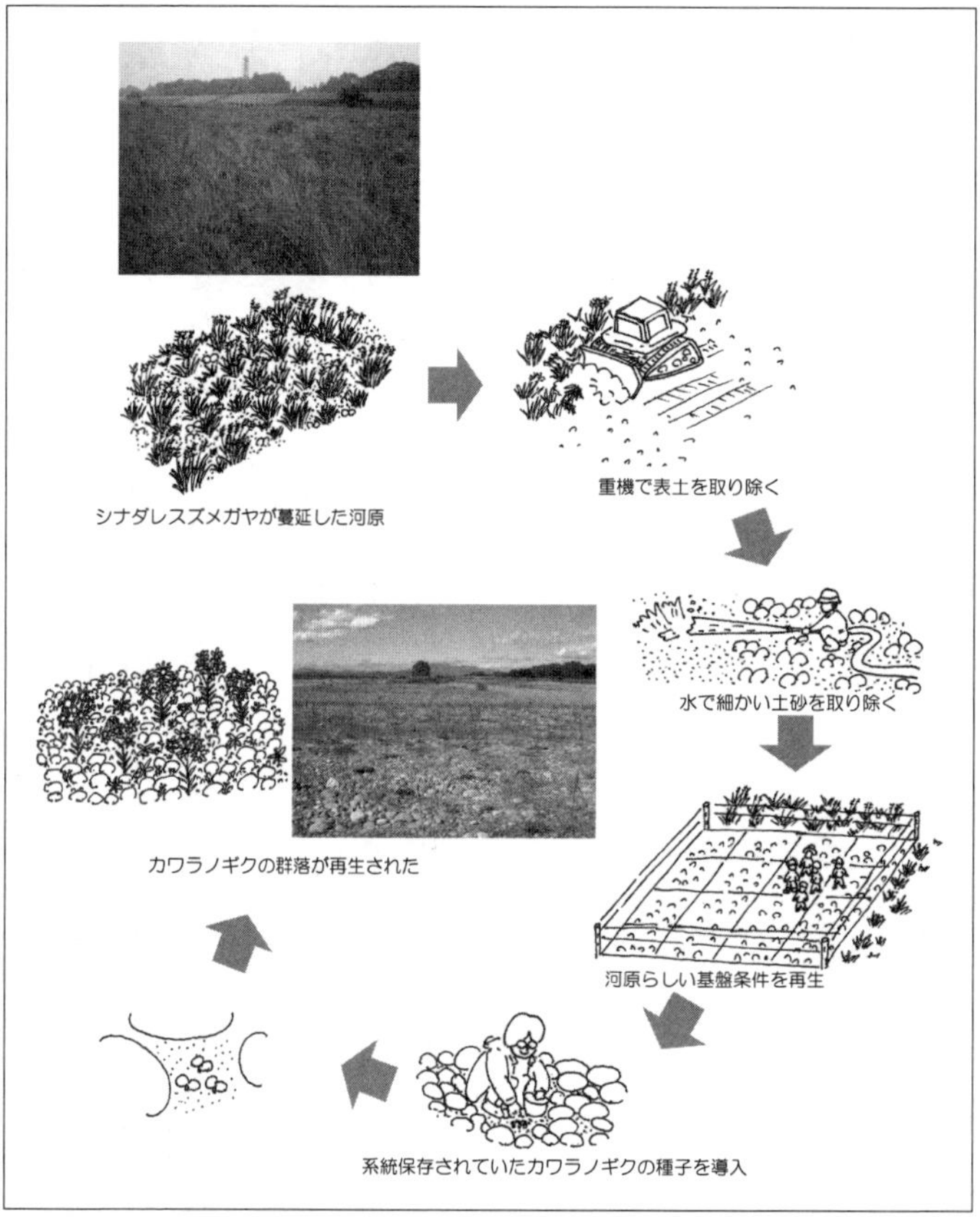

図 9.3 砂礫質河原とカワラノギクの再生実験（撮影：村中孝司）

らいの面積、シナダレスズメガヤ除去による砂礫質河原の人工的再生を行えば、指標とするカワラノギクが生育できる河原を維持できるかを検討することができる。そうした荒治療の後、順応的な管理を実施すれば、河原固有の生物の絶滅という不可逆的な変化を避けながら、将来の根本的な回復に向けて生態系再生を行うことができるはずである。またその過程で、生態系再生にかかわる多くの知見を蓄積していくことも可能となる。

順応的な管理を行うためには、管理対象になる植物や指標植物の分布をできるだけ正確に、しかも低コストで把握する必要がある。研究拠点のアセスメントグループと順応的管理グループは、共同でリモートセンシング技術を活用した、簡便なシナダレスズメガヤ群落のモニタリング手法の開発を試みている。

第4部　遺伝子——多様性のみなもと

第10章——遺伝子多様性のもつ意味

1　遺伝子からの見方

なぜ遺伝子か

生態系とその機能を理解し、その保全・再生を考える際に、どうしてもゆるがせにできないのが、遺伝子とその多様性の問題である。この問題は、かつてはさほど重要視されていなかったが、近年の研究の進展により、今ではその重要性が明らかになりつつある。第4部では、遺伝子とその多様性の問題に焦点をあてることにしよう。

生物要素に注目すると自然界は階層的に成り立っているといえる。すでに述べたように、ランドスケープは、いくつかの生態系からなっている。その生態系は、いくつもの種個体群とそれらを取り巻く環境要素からなっている。そして、種個体群は、多数の個体からなる。さらに、生物個体の生命活動は、数多くの遺伝子の働きによって調整され、維持される。したがって、生態系とその機能を理解し、その保全・再生を考えるためには、生態系成立の基本要素である生物個体とその集団の生命機能の基本を、遺伝子のレベルから把握しておく必要がある。

とくに重要なのは、遺伝子の多様性が、個体群の存続や絶滅に深くかかわっていることである。そのため、生態系・生物多様性の保全と再生を考える際に、遺伝子からの視点が不可欠である。また、遺伝情報は祖先から子孫へと営々として受け継がれていることから、その系譜の理解を通じて、生物多様性の起源や生態系を構成する生物の由来などの解明にもつながる。

近年、遺伝子の研究手法はますます広がりと深まりをもつ強力なものとなってきた。ゲノム（遺伝子の全セット）を読み解く「ゲノムプロジェクト」も、ヒトをはじめとして、種々の生物でつぎつぎと進んでいる。生態系構成員の遺伝的組成や系統的由来、あるいは生命機能の基礎を理解するうえで不可欠な遺伝子レベルの情報が、豊富に得られる時代が訪れたのである。

本章では、まず遺伝子とは生命にとってなにかを整理したうえで、生物多様性の起源と遺伝子との関係を考えてみよう。

遺伝子は「生命の設計図」

遺伝子とはなにか。それは、ひとことでいえば「生命の設計図」である。もう少し厳密にいえば、設計図のなかの「意味のある情報単位」が遺伝子である。われわれヒトは、約三万個の遺伝子をもっている。それらの全体が生命の設計図ということになるが、それは「ゲノム」とよばれる。したがって遺伝子は、厳密には、生命の設計図たるゲノム内のひとまとまりの情報単位ということになる。

ゲノムを一冊の本にたとえるなら、遺伝子はさしずめ個々の文章にあたる。遺伝子の文章は、A、T、C、Gという頭文字からなる四種類の塩基をいわば文字として、その並びでかたちづくられている。そして、何万という数の「文章」が一冊の「本」に織りなされて、一つの生命の設計図をなしているのである。

二〇世紀の生物科学は、個体の生命活動がどのようにして成り立っているかを、ミクロのレベルにまで掘り下げ、その基本を分子のレベルで明らかにした。複雑な生命活動を担っているのは、おもに、さまざまなタンパク質である。そのタンパク質をつくるための情報が、デオキシリボ核酸（DNA）という細長い化学分子に、先に述べたような塩基の配列として記されていることがわかった。非常に複雑にみえる生きものとその生命活動の基本情報が、いわば設計図としてDNAという化学分子に担われていることがはっきりしたのである（図10・1）。

複雑きわまりない生物が、「カエルの子はカエル」というふうに、いっけんいとも簡単に再生産され、生まれ出た子がみごとに親と同じ種の個体に成長するのは、考えてみるとじつに不思議である。設計図なしにはとうてい不可能であろう。設計図の重要さは、建築物を例に考えてみるとすぐわかる。

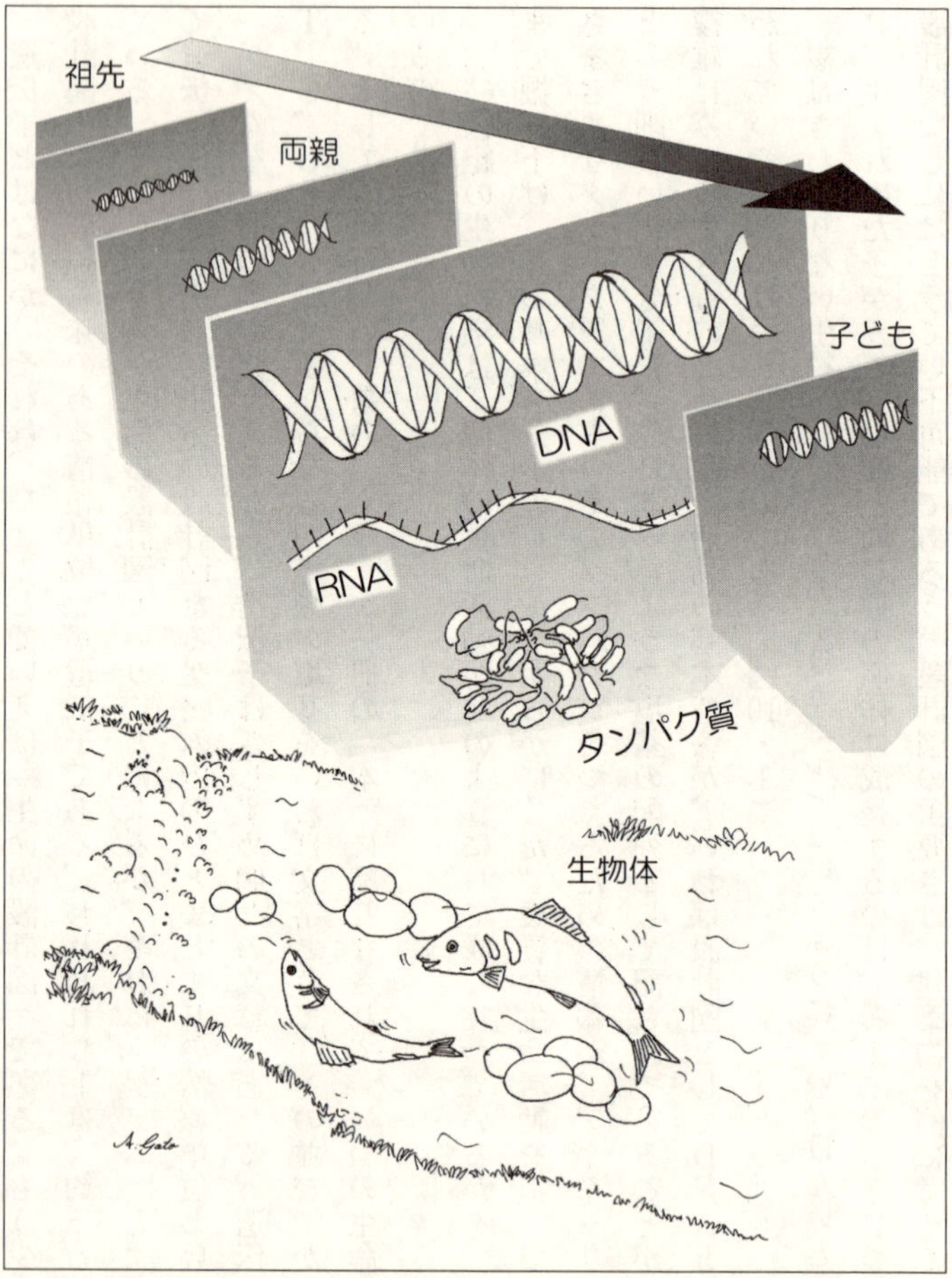

図 **10.1** 遺伝子 DNA は生命の設計図

建設関係者が集まれば建築物が簡単につくれるわけではない。設計図がないと無理である。逆に設計図があれば、いつでも同じものがつくれる。生きものにも、このように個々に設計図がＤＮＡに書き込まれた遺伝情報として存在しているのである。

ここで一つ留意しておきたい。設計図というと、新しくなにかをつくるときだけに必要なものととらえられるかもしれない。しかし、生命の設計図はそのような静的なものではない。遺伝情報は個体をかたちづくるときばかりでなく、日々、刻々、あらゆる生命活動を支えるために働いているのである。

世代を越えた遺伝子の伝達

生物個体の命は有限であり、遅かれ早かれ死滅する。しかし、この地球上には生きものがあふれている。それは、生物が再生産、つまり繁殖をするからである。普通、生物の再生産は、親が子どもを産むかたちで行われる。通常の有性生殖では、子どもは必ず母親の一個の卵子と父親の一個の精子が合体した一つの細胞からつくられる。いかに複雑な体をもつ多細胞生物個体も、最初は一つの細胞なのである。この一つの細胞を通じて、親から子に遺伝情報が伝えられる。

非常に細くて長い化学分子であるＤＮＡに刻まれている遺伝情報は、一つの細胞のなかにコンパクトに折りたたまれて格納されている。このＤＮＡはたいへんうまくできた化学分子であり、容易に複製がつくれる。つまり情報のコピーが簡単にできるのである。受精卵の分裂、すなわち個体の体をつくる細胞の数を増やす細胞分裂(体細胞分裂)の際には、コピーによって同じ情報セットが二つでき、それぞれが二つの娘細胞に分配される。こうして、同じ遺伝情報をもった二つの細胞ができる。これを繰り返して、多くの細胞をもつ個体が形成される。遺伝情報は、つぎの子どもをつくるための細胞である生殖細胞(卵子や精子)にも伝わる。このようにして、親から子へ、子から孫へと、遺伝情報は伝達されるのである。

あらゆる生物には必ず親がいる。そして、親から子へと遺伝情報を伝えている。遺伝情報の授受という視点からみると、生物個体とは、親から遺伝情報を受け継いで、つぎの世代にバトンタッチするものだということになる。親子関係とは、世代間の遺伝情報の受け渡し関係にほかならない。

遺伝子伝達経路の存続

世代間の遺伝情報の受け渡しを、もっと長い目でみてみよう。この遺伝情報のバトンタッチの経路は、過去のどこまで続いているのだろうか。現在の生物への経路を過去にたどってみたときに、それがもし過去のどこかで途切れていたならば、現在、その生物はいないはずである。ということは、現在に生きている生物への経路はけっして途切れていないはずだということになる。すなわち、起源の時点まで遡れるということになる。

ところで、すでに生物が存在している環境下では、無生物から生命は自然には生じないであろうと考えられている。したがって、今存在する莫大な数の生物種に、それぞれ別の起源があったと考えるわけにはいかない。過去に一つの共通祖先が存在し、それから枝分かれを繰り返して現在に至っているということなのである。現生生物たちの生きる仕組みの著しい共通性を考えると、生物すべてに共通の一つの祖先がいたことに疑問の余地はない。

現生生物の生きる仕組みの共通性をあげれば切りがないが、先に述べたようにDNAが設計図で、その情報からタンパク質がつくられて主要な機能分子となっているということだけでも十分であろう。とくに、DNA上の遺伝情報を読みとってタンパク質をつくるシステムの基本、いわば遺伝子の言葉は、バクテリアからヒトまであらゆる生物でまったく同じである。この遺伝子の言葉の共通性がいかに驚くべきことであるかは、人間の言葉を考えてみるとよくわかる。人間の言語はじつに多様であり、異文化間でコミュニケーションを図ろうとすれば、ただちに言語の障害に直面することになる。これに比べると、遺伝子の言葉の共通性は驚異的である。若干の方言はあるものの、同じ一つの辞書で、大腸菌の遺伝子の言葉も、イチョウの言葉も、カラスの言葉も読めてしまうとは。この驚異的共通性は、現在の全生物が過去に同じ祖先をもっていたという事実とみごとに符合する。

もっとも、この現生生物の共通祖先は、いきなりこのDNAとタンパク質のシステムをもったのではなく、それ以前の進化の歴史のなかでそれを得てきたはずである。その過程では、DNAと非常によく似た化学物質であるRNAが重要な役割をしていたのではないかと考えられている。つまり、「RNA型」の生物の時代が過去にあったのではないかという考えである。RNAは、DNAほど安定ではないが、DNAと同様に情報を蓄えるのに適していると同時に、弱いながらもタンパク質的な触媒作用なども有しているのである。実際に現在の生物体内でも、RNAはDNA上の遺伝情報を写しとってタンパク質に移しかえる際に、非常に重要な働きをしている。また、ウィルスの一部にエイズウィルスなどのように、DNAではなくてRNAをゲノムとしてもつものもいる。これがRNA型生物の時代の名残りだと安易に考えることはできないが、RNAがゲノムとしての役割を果たせないものでないことはうかがえる。

生命進化の初期には、おそらくいくつものタイプの原始的な生物がいたであろうが、その一つが「DNA―タンパク質型」の現生生物の共通祖先となって、現在の全生物へとその子孫をつないだと考えられる。現在の生物が一つの共通祖先に由来するからといって、なにも突然、一つの祖先生物が生じたと考えねばならないわけではない。

ともあれ、現在の多様な生物たちは、その共通祖先の生きた時代以来、延々と遺伝情報の伝達経路を途切れさせることなく存続し続けたものなのである。

2　生物多様性の起源と遺伝子

有性生殖における遺伝子伝達

この遺伝子伝達の道筋こそ、一般に「系統」とよばれているものである。それを線で表すと、「系統樹」とよばれているものを描くことができる。短期的にみると、系統の基本要素は親から子へのつながりそのものである。図10・2の（3）は、通常の動物や植物など有性生殖生物の微視的系統樹を、模式的に描いたものである。この図から明らかなように、有性生殖生物の場合、個体レベルの系統樹は樹状ではなく網状になる。それは、雌と雄が交配して受精卵をつくって増えるからである。この有性生殖というシステムはたいへんおもしろいものである。少し寄り道のようだが、後でも大事になってくるので、有性生殖について多少くわしくみてみよう。

有性生殖をする真核生物は普通、二倍体である。つまり、ゲノム（遺伝情報のセット）を二セットもっている。その二セットとは、個体のはじまりの受精卵ができるときに、母親から受け継いだ一セットと父親から受け継いだもう一セットである。それらはいくつかの断片に分かれていて、染色体とよばれるかたちで各細胞の核のなかに納まっている。染色体数はヒトでは二三組だが、種によって異なる。真核生物は、こうして両親から等しく受け継いだ二セットのゲノムに刻まれた遺伝情報に依存して生きているのである。

二倍体生物が繁殖するとき、つぎの世代をつくるための細胞、雌なら卵子（あるいは卵細胞）、雄なら精子（あるいは精核）を形成する。このとき、これらの配偶子には、自分のもっている二つある遺伝情報のうち、一セットのみが含まれる。そして、異性の他個体がつくる配偶子に含まれる一セットの遺伝情報と合体して、子孫の遺伝情報となる。つまり、自分のもっている遺伝情報のうちの半分

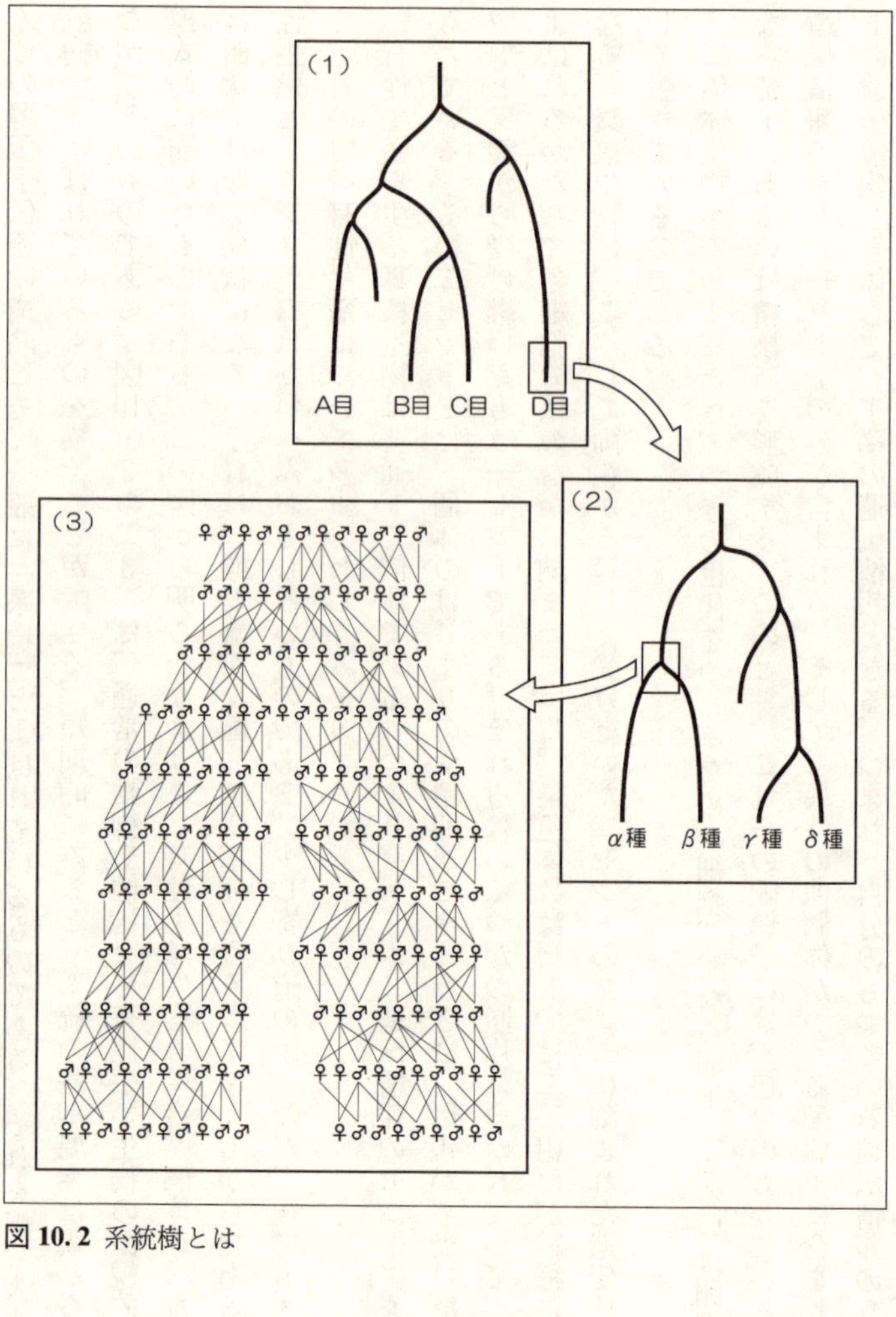

図 **10.2** 系統樹とは

しか子には伝えられず、あと半分は、必ずほかの個体に由来する遺伝情報が子に伝えられる。同じ両親から生まれる子であっても、相互にずいぶんちがうのはこのためである。兄弟姉妹であっても、一卵性双生児以外は、両親から引き継ぐ遺伝子の共通度は五〇パーセントでしかない。

ここまでみるだけでも、真核生物の有性生殖という繁殖のシステムは、同じ遺伝要素をもった個体を再生産することを避けていることがはっきりするが、じつは遺伝要素を再編成する仕組みはもっと念入りである。それは配偶子のつくり方をみるとわかる。二セットの遺伝情報を一セットにするときに、単純にそうするのではなく、二セットを徹底的に組み換えて一セットにするのである。これが配偶子をつくるための細胞分裂（減数分裂）で行われている。各親個体の体内で卵子も精子もたくさんつくられるが、さらに組み換えという染色体のつなぎ換えが起こるため、どの個体の体内でも同じ遺伝子の組み合わせをもつ配偶子ができることはなく、すべての配偶子は遺伝的に異なっている。このような配偶子を、前述のように別の個体のそれとあわせて、初めて次世代ができる。いかに世代から世代への遺伝子のシャッフルが徹底しているかがよくわかる。

特別な近親交配がないかぎり、このシャッフルのため、直接の子孫であっても、祖先個体がもっていた遺伝子を保有する確率（血縁度）は代が進むにつれて下がる。子で二分の一であったのが、孫で四分の一、曾孫で八分の一、一〇代先の子孫では千分の一以下となってしまう。

なぜこんなに念入りな遺伝子の混合をするのかという問いは、なぜ雌雄があるのか、つまりなぜ性があるのか、という問いと関連している。この問いは、生物学の大問題の一つである。無性生殖的に細胞分裂で増える細菌類でも、ときおり接合して多少のDNAを受け渡すことがあるので、遺伝子のシャッフルというのは、生物界にかなり普遍的な現象のようである。

なぜ遺伝子のシャッフルが広く存在するのか。その答えは、ウィルスのような病原体や寄生者への対策にあるらしい。生物がいれば、必ずその体を利用する病原体が存在する。とくに、細菌類から私たち大型動物までのすべての生物は、さまざまなタイプのウィルスに感染している。ウィルスは、著しく高い遺伝子変異速度と増殖速度をもっているので、感染力の進化速度も非常に速い。世代時間の長い寄主側が抵抗力の進化を待つ余裕はない。残された手は、他個体と遺伝子をやりとりすることによって、他個体がもっているかもしれないウィルス耐性遺伝子をもらって子をつくることである。

動物のような大型真核生物の場合は、ウィルス以外にも、さまざまな細菌類、原生生物、菌類、さらには同じ動物である線虫類などの病原生物・寄生生物をかかえている。これらへの対抗に日々苦しんでいるともいえる真核生物は、有性生殖生物として遺伝子を有性生殖によって大規模にシャッフルしながら伝えているのである。

系統分岐としての種分化

もっとも、繁殖の際に、遺伝子のシャッフルがどんな雌雄の間でも起こるわけではない。普通、シャッフルは、一定の範囲にある雌雄間でしか起こらない。図10・2の（3）における網の幅は、どこまでも横に広がるのではなく、ある範囲にとどまっているのである。この範囲、つまり遺伝子のシャッフルが起こる範囲を種と考えるとわかりやすい。

雌雄の生息する場所が空間的・地理的に離れている場合、その間で実際に交配が起こる可能性が低いことはもちろんである。しかし、空間的に近くにいる場合にも、交配する雌雄としない雌雄が明らかにいる。同じ川にすんでいても、コイどうし、ドジョウどうしは交配するが、別種であるコイとドジョウは交配しないといった具合である。

「種」という言葉・概念は多義的であり、そもそも伝統的な分類学では、おもに形態を手がかりに種をとらえてきた。そのため、分類学上の種が、ここに述べたような遺伝学的にみた種と必ずしも一致しないことがあっても不思議はない。しかし、現在の分類学、遺伝学、生態学などの分野では、ここで述べた種のとらえ方（「生物学的種概念」とよばれる）を基礎にすることが多いので、研究分野間での種のとらえ方や種区分の仕方における差は、しだいに小さくなってきている。

遺伝子はシャッフルされながらも種の範囲のなかで伝達され続け、通常、その外にも出なければ、外からも入ってこない。したがって、この相互交配可能な個体の遺伝子伝達経路全体を一本の線で示すことが可能である。ただ、ずっとこの状態のままなら、生物の世界は非常に静的で単純なままにとどまるだろうが、実際には、ダーウィンが問題にしたように、似かより具合のさまざまな多数の種が存在している。似たものは比較的近い過去に、あまり似ていないものはより遠い過去に、共通の祖先から分化して生じてきたものと考えられる。つまり、一つの遺伝子シャッフル単位が、二つに分岐（種分化）することがあったと考えられるのである。

こうした関係を系統樹として表すと、図10・2の（2）のようになる。もちろん、種の独立性というものは完全なものではなく、一部には異種との間で交雑を頻繁に行うものもある。その結果、一つの種に融合してしまう場合もある。また、後でくわしくみるように、種内にもさまざまな多様性が存在することはむしろ普通である。しかし、そうしたことを念頭におきつつ、第一近似として単純化するならば、通常の種系統樹のかたちは樹状であるということができる。

こうした種系統樹は、より大局的な高次系統樹に統合することが可能である。つまり、共通の祖先種から分化した種群（単系統群）をまとめて一本の線に表示することができる（図10・2の（1））。また、そのようなやり方で、脊椎動物全体の系統関係の見取り図を描くこともできる。さらには、全生命の系統樹も描くことができる。

無性生殖生物の場合

生物界には、細菌類などのように無性生殖をする生物もいる。これらの場合の系統は、母細胞—娘細胞の系列が延々と続くことになる。近年の細菌ゲノムの研究から、細菌の遺伝子の一〜二割は、母細胞—娘細胞の系列を通じて垂直的に伝えられ続けてきたものではなく、過去に水平的に伝播したものらしいということがわかってきた。しかし、このことは逆に、八〜九割の遺伝子は系統に沿って伝えられてきたものであることをも意味している。ただしそれは、有性生殖の場合のように、毎世代遺伝子を念入りにシャッフルして子孫に伝えるのではない。無性生殖生物では、有性生殖生物と同じような、遺伝子のシャッフルの単位としての種というものは存在しないことになる。

ただし無性生殖生物にも、相互によく似ているが、ほかとはかなり明瞭に区別ができる個体のグループがしばしば認められる。この現象は、同じ個体から分かれてきた複数の系統であっても、それらが長く存続すれば、各系統の遺伝情報がちがってくることによってもたらされる。離散的な形質状態を示す無性生殖生物のそれぞれの系統グループも、便宜上種とよばれるのである。

このように無性生殖生物の種というのは、有性生殖生物のそれとはあり方がずいぶんちがう。しかし、無性生殖生物の種系統樹や高次系統樹は、祖先細胞から分化した単系統群をまとめて一本の線で表示するかぎり、有性生殖生物の単系統群をまとめて描く高次系統樹と原理的には同じものとなり、両者を同じ樹にまとめることも可能である。

進化が多様性を生む

先に述べたことから明らかなように、遺伝子の情報は、アナログ的ではなくデジタル的である。したがって、その複製は正確である。細胞から細胞へ、個体から個体への伝達が繰り返されても劣化はしない。ダビングを繰り返すと、どんどん情報が劣化するアナログのカセットテープやビデオテープとはわけがちがう。CDやDVDなどのデジタル情報複製のように、コピーを繰り返しても情報の劣化がない。

しかしデジタル複製といっても、何百万回と繰り返すうちには、さまざまなエラーが混入することは避けられない。混入したエラーが不都合なもの、つまりそのエラーを含んだ情報を引き継いだ生物個体の成長・繁殖に妨げになるようなものであれば、それは残らないだろう。だが、エラーがさほど不都合なものでなければ、それは後の世代に残っていく可能性がある。もしそのエラーが好都合なものであれば、後の世代に広がる可能性はより高くなる。いずれであっても、こうして、遺伝情報は全体として各系統に沿って伝達される過程で、徐々にではあるが多様な変化を遂げていくことになる。

このことは、生物界における遺伝情報の多様性は、時間とともに増大する傾向にあることを意味しているとみることができるかもしれない。系統間の遺伝情報の差は、時間がたつにしたがって大きくなる。遺伝情報の時間的変化を進化という。したがって、進化が必然的に多様性を生むということができる。化石試料からも、生物の多様性は、何度かの大激変を経ながらも、増大してきていることがみてとれる。以前、カンブリア紀の大爆発に関して、古生代の海に出現した動物の多様性は現在よりも大きかったという説が述べられたこともあったが、その後の緻密な研究によって、けっしてそうではないことが明確にされている。

諸系統で伝達されている遺伝情報は、個体の体をつくり、その日々の生命活動に不可欠な全情報であるのは、先に述べたとおりである。生物多様性は増大する傾向にあり、その基礎にはこうした遺伝情報の多様化がある。このように遺伝子の多様性、そしてその上に展開する種の多様性、生態系の多様性は、長い進化の歴史を背負っている。生物多様性を深く理解しようとするなら、この歴史性を十分認識する必要がある。

3　遺伝子と生命史

遺伝子に刻まれた生命史

こうして多様化してきた遺伝情報のなかには、生命の歴史が刻み込まれている。生命がどのように進化し、現在に至っているかを明らかにするための重要な方法が「比較」である。しかし、ただ比較するだけではだめである。比較する生物間の系統関係がはっきりしていないと、生物学的に意味のある比較はできない。生物の系統関係を明らかにすることは、生物にかかわる研究のもっとも基礎となる課題だといえる。

では、系統関係はどうすれば明らかにできるのだろうか。系統関係は遺伝情報の伝達経路の分岐関係であるから、各系統に伝達されている遺伝情報を分析することによって推定できる。伝言ゲームを想定してみるとわかりやすいかもしれない。人の列をつくって、その端の人に一つの言葉を与える。それを順に耳から耳へと小声で伝えていく。伝えていく途中で、聞きまちがいやいいまちがいがときどき起こり、最後には最初の言葉とちがうアウトプットが出てきて、大笑いする。この伝言の列を途中のいろいろな場所で分岐させてゲームをすると、「進化」の実験ができるはずだ。きっと個々の列の端からは、いろいろなアウトプットが出てくるだろう。分岐が終点の近くにあった列間ほどアウトプットは似ており、早くに分岐した列の間ではアウトプットは異なっているであろう。したがって、ラインの分岐関係を実際にみなくても、アウトプットのデータを慎重に比較・分析することによって、分岐関係は推測できる。生物の系統解析はこれと同じ原理で行われるのである。

最近では、ＤＮＡ上にある遺伝子の言葉の文字情報が正確にかつ容易に読みとれるようになったので、伝達されている遺伝情報を直接解読して比較することが可能になった。従来は、系統関係の研究は、主として形態分析からなされていた。この場合、遺伝的な差異をほどよく反映している形態形質をうまく取り上げて、遺伝子伝達経路の分岐関係の推定をしていた。しかし、直接に伝えられているのは遺伝情報そのものであるから、それを分析するに越したことはない。こうして、生物の歴史を遺伝子に刻まれた痕跡から明らかにすることができるようになったのである。

遺伝子から生物の系統的由来を探る

生物の歴史といっても、個体の親子関係といった年単位以下のスケールから、種の分化にかかわるような何万年、何十万年、何百万年というスケール、門や界の分岐にかかわるような何億年以上というスケールのものまである。いろいろな生きものの系統関係も、こうした幅広いスケールで存在する。それぞれのスケールで、遺伝子に刻まれた情報を分析することによって系統関係を推測するが、短い時間スケールの解析には、進化速度の速い、つまりＤＮＡ塩基配列情報の変化速度の速いＤＮＡ領域

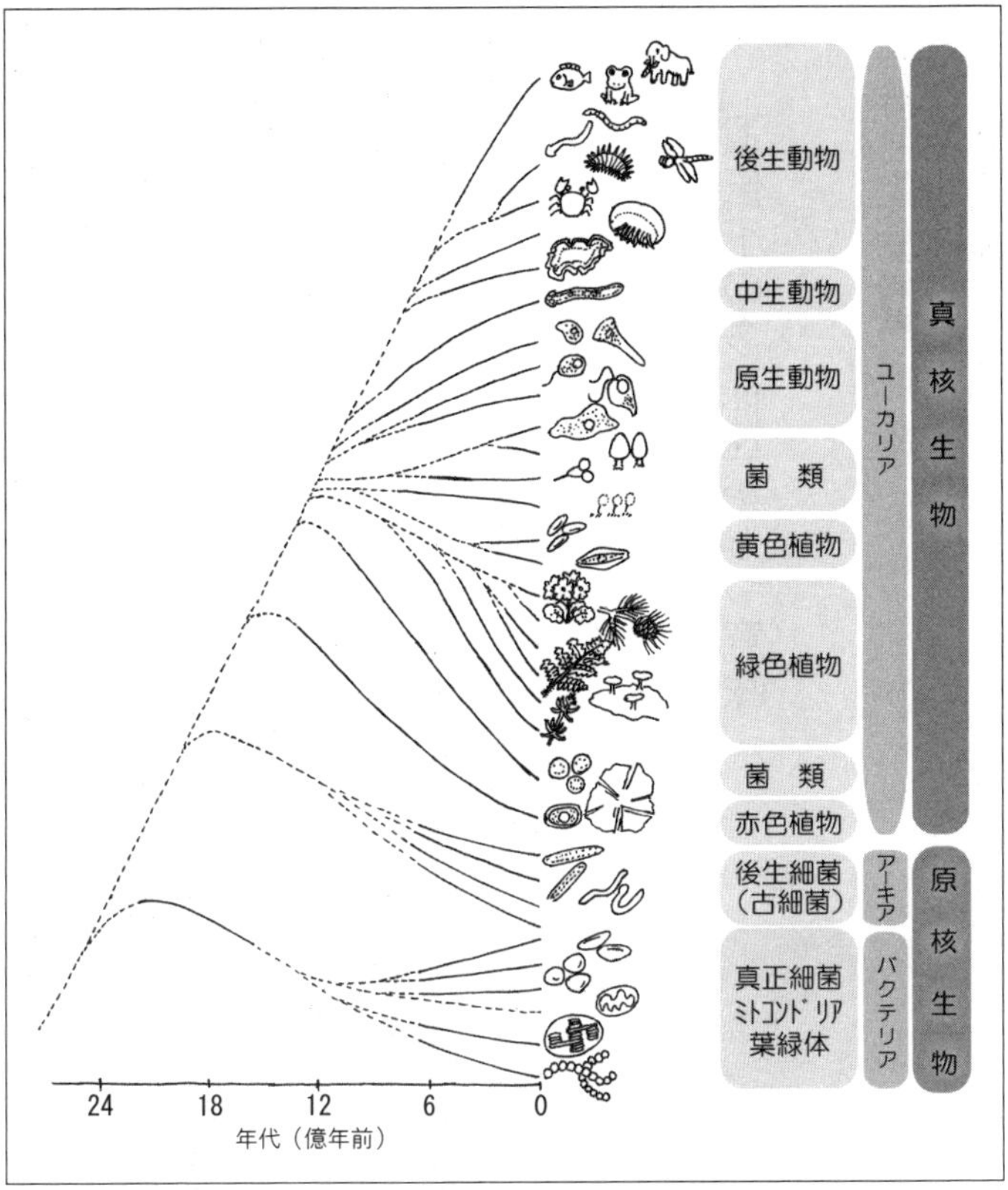

図 10. 3 全生物界の系統樹

を分析対象とし、また長い時間スケールの解析には、進化速度の遅いDNA領域を分析対象にすることで対応できる。

遺伝子の解析ができるようになるまでは、現生の生物全体をカバーする系統像を構築するということは、人類にとって実質上かなわない願いだった。図10・3は、全生物に共通に存在する5SリボソームRNA遺伝子という遺伝子の塩基配列の情報をもとに推定した全生物界を網羅した系統樹の一例である。この地球に生息し、種々の生態系を構成している生物たちが、どのような系統的・進化的由来を有しているのかが、一目瞭然にわかる。このような遺伝情報を分析・比較して新たに推定された生物界の系統構造において注目される点は数多くある。たとえば、原核生物としてまとめられていた細菌類が、じつはきわめて系統的にも多様な生物であったという事実は、こうした研究の進展なしでは明らかにできなかったことである。

4 遺伝子の多様性がもつ意味

六番目の大量絶滅

長い進化の歴史のなかでつぎつぎに系統分岐によって形成され、現代に生存している種は、これまでに知られたもので約二〇〇万にのぼる。これはすでに学名が与えられている種の数で、まだ学名が与えられていない種が、おそらくこの何倍、何十倍もあると考えられる。それは、種の多様性の高い熱帯林やサンゴ礁海域で生物の採集を行うと、まだ学名がつけられていないものが既知の種の何倍も出てくることから推測できる。このような莫大な数の多様な種が複雑に関係し合うことで、地球の生態系は構成されている。

この豊かな種の多様性は、いま急速に減少している。それは、多くの野外生物学者が日々感じていることであり、また種々のデータもこの直感を裏づけている。国際自然保護連合（ＩＵＣＮ）は、個体数と年齢構成、個体数の減少率などいくつかの判定基準を設けて、絶滅のおそれのある生物（絶滅危惧種）のリストアップを行っている。このリストが「レッドリスト」とよばれるものである。二〇〇四年のレッドリストによれば、驚くべきことに、哺乳類の二三パーセント、両生類の三二パーセントが絶滅危惧種に区分されている。他方、無脊椎動物や微生物は、現生の種数さえよくわかっていないので、その割合を推定することすらできない。

ある推定によれば、一六〇〇年から現在までの約四百年の間に、八五種の哺乳類と一一三種の鳥類が絶滅したという。この数値は、それぞれ全哺乳類の二・一パーセント、および全鳥類の一・三パーセントにあたる。もちろん、種の絶滅そのものは、これまでの生物の歴史のなかで繰り返し自然に起こっている現象である。問題は、四百年間に起こったこの割合の絶滅が、過去の平均的な絶滅速度と比べてとくに高いかどうか、ということである。過去と現在の絶滅速度に関して種々の推定の試みがなされているが、それらの結果によると、現在の絶滅速度は、控えめにみても「通常」より千倍も高いという。さらに問題なのは、四百年のうちでも、最近になるほど絶滅速度が上がっているという事実である。

生物の進化史のなかで、過去に少なくとも五回の大量絶滅が起こったことは、化石記録から明らかにされている。現在進行している絶滅は、それらの大量絶滅に匹敵する速度で進んでいるので、「六番目の大量絶滅」とよばれている。過去の大量絶滅では、その後に、別系統の生物の飛躍的な種分化、系統分化が生じている。しかし今の地球環境の状態が続くならば、とくに大型の動植物に新しい種が生まれることを許す余地は非常に乏しい。このため、種数の差引勘定は大幅赤字の状態を続けるという事態に陥りつつあると考えられる。

生命情報の消失

このような事態を遺伝子の視点からみると、新たな問題点が浮かび上がる。先にみてきたように、生物の種はそれぞれに特有の遺伝情報のセットを有している。したがって、種の絶滅は、遺伝子の視点からみると、唯一無二の生命情報の喪失を意味する。種の絶滅そのものは、種個体が地上から姿を消すというかたちで目にみえるかもしれないが、この生命情報の消失は、直接目でみることはできない。しかし、その情報が生物体として発現した生物個体そのものとともに、地上から姿を消すということのもつ意味は重い。近縁種の内部によく似た遺伝情報があるとはいえ、個々の種が有する遺伝情報のセットはその種に特有のものであり、実際上、二度とつくりだすことはできないものだからである。種が滅ぶ、あるいは種内の遺伝的変異性が減っていくということは、長い進化の歴史のなかでかたちづくられてきたかけがえのない生命情報が、地球上から永遠に消えていくことを意味するのである。

このようにして生物が絶滅し、あるいは絶滅危惧の状態に陥っていくことは、けっきょくは私たち人間の生命支持基盤たる自然環境の豊かさを失っていくことでもある。日常あまり意識しないかもしれないが、毎日食べている食物は生物の活動によって生みだされたものである。生活環境にまで眼を向けるなら、さまざまな資源を私たちは生物的自然に頼っている。その自然は、地球における数十億年の生物進化の歴史から受け継いだ遺産である。絶滅によって私たち人類はそうした遺産を失うことになる。絶滅とは、たんにめずらしい生きものが地上からいなくなるだけの話ではないのである。

種の絶滅と遺伝子

種の絶滅には自然の要因によるものと、人為的な要因によるものとがありうる。前者には、かつての大量絶滅の要因とされる巨大隕石の衝突などのカタストロフィーや、自然における環境の変動などがあげられる。また個体数が少なくなっていた種が、個体数が変動する過程でたまたま滅ぶという可能性もなくはない。

しかし「六番目の大量絶滅」が起こっている近年は、人類の歴史において近代化が急速に進み、人口が急増した時期である。したがって、最近の絶滅のほとんどは人間の影響によるものであるとみてまちがいない。地球上の人口はさらに増大しており、人間が自然へ与えるインパクトはますます大きくなっている。そのため、生物種の絶滅が進むという流れは、まだまだ大きくなるものと危惧される。

生物種を絶滅に追いやる人為的要因としてまずあげられるのは、生物の生息環境の破壊である。種がその生息場所をなくしてしまうのだから、この場合の影響はきわめて直接的である。一方、環境汚染や乱獲、外来種のもち込みなども重要な人為的要因である。これらの場合、絶滅を引き起こす過程は単純ではない。それはどういうことか。

環境汚染や乱獲は直接、生物個体に影響を与え、個体数を減らすであろう。また、外来種のもち込みも、それが捕食者なら食べられる生物を減らす可能性がある。また、それとすみ場所や食物を競うことになる生物へも負の影響を与えて、やはり個体数を減らす効果が生じる可能性がある。種の個体数が減ると、必然的に人口学的確率性（つまり偶然）の果たす役割が大きくなる。すなわち、個体数が減ると偶然による個体数変動の割合が大きくなる。そのため、その効果によってつぎの世代の個体数がたまたまゼロになる（つまり集団の絶滅）確率が大きくなる。

しかし、個体数の減少にはもう一つの大きな問題がある。それが、個体数減少にともなって引き起こされる遺伝的影響の増大である。個体数が減って小集団化すると、集団内に保有される遺伝的多様性が必然的に減少する。さらに近親交配（近交）も進行し、個体の生存力や繁殖力が低下する。

これらの遺伝的過程は、直接は目にみえないが、個体数の減少の裏側で確実に進行する。こうした遺伝的変異性の減少や近交の進行は、個体数をいっそう少なくする。そうなると、集団はますます孤立・分断化した個体数の少ないものとなり、遺伝的劣化はさらに進行することになる。このように遺伝的要因によっても絶滅の可能性が高められるのである。

遺伝的要因の絶滅への関与は、個体数が減少すればするほど増大する。したがって、種の絶滅を防ごうとするなら、こうした遺伝的要因を深く理解する必要があり、遺伝子からの視点というものが非常に重要になってくるのである。そこで次章では、集団における遺伝現象について、よりくわしくみてみることにしよう。

第11章――遺伝的変異と生物多様性

1　遺伝的変異

遺伝的変異がすべてのはじまり

本章では、集団内における遺伝的変異と生物多様性の関係について考える。もし種内に遺伝的変異がなかったとしたら、つまりどの個体がもつ遺伝情報も完全に同じであったとしたらどうだろうか。遺伝子頻度の機会的変動（偶然の効果で遺伝子の頻度が世代ごとに変化すること）による変化も、自然選択（自然淘汰）による変化も起こりようがない。かりに、個体間になんらかの重要な生理・生態的機能の差異が存在したとしても、それらが同じ遺伝子型の個体が示す表現型の変異であれば、種はいつまでたっても同じままのはずである。これでは環境変化への適応進化は起こりえず、環境への適応に失敗した集団は早晩、滅んでしまうことになる。

しかし実際には、遺伝情報の複製の際にわずかとはいえエラーが混入し、変異が生じる。こうした遺伝的変異が、進化的適応の素材となるのである。遺伝的変異はすべてのはじまりであるといえる。

突然変異

遺伝的変異の生成を「突然変異」という。突然変異にはいろいろの種類がある。ゲノムを「本」にたとえると、いちばん単純な突然変異は、一つの文字が別の文字に置き換わったり、抜け落ちたり、付け加わったりすることにあたる。このような突然変異は「点突然変異」といわれる。また、あるページがごそっと抜け落ちたり、ダブったりというような、染色体レベルの変異もある。さらに、トランスポゾンとよばれるDNA配列がゲノム上を移動したり、レトロポゾンというDNA配列がRNA（DNAに似た化学物質でタンパク質やDNAと化学的に相互作用する）を介してそのコピーをゲノム上に散布したりするというようなことがあるが、これらも突然変異に含められるだろう。それらは、さしずめ、あるページにあったいくつかの文章が、まったく別のページのどこかに飛び移ったり、コピーされたりするたぐいの変異である。

突然変異は、いつ、どこで起こるかの予測はまずできないが、それらが起こるメカニズムはかなりわかっている。突然変異とよばれてはいるが、けっして理由なくして起こる現象ではない。

このような種々の突然変異のうちでも、点突然変異が生じる率は、ＤＮＡの一文字に相当する一塩基あたり、一億分の一から一〇億分の一程度の割合であると考えられている。一つの遺伝子はおおざっぱにみれば千塩基レベルの大きさなので、遺伝子あたりの突然変異率は、一〇万分の一から百万分の一程度だと見積もられる。以前は、突然変異の多くは点突然変異であろうと考えられていたが、最近では、トランスポゾンやレトロポゾンによる変異も、大きな割合を占めていると見積もられるようになっている。

こうした突然変異は、生物集団の存続にとって重要な遺伝的変異の源泉である。ここで重要だという意味は、個々の突然変異遺伝子すべてが自然選択に有利に働くということではない。それをもつ個体の機能を高める変異はごく一部でしかない。しかし多くは、有益でも有害でもない中立的なものか、有害なものである。動物や植物など真核生物のゲノムには、厳密には遺伝子とはよべない非コード領域（遺伝情報を担っていない部分）が、遺伝子領域の一〇倍以上もある。こういう部分に起きた突然変異は、生命機能に特別の影響を与えないものが多い。つまり、実際上、自然淘汰に対しては中立的である。

一方、遺伝子部位に生じた突然変異の場合、それは長い進化の過程で洗練されてきた遺伝子機能を損ねる可能性が高い。そのため、大なり小なり有害である確率が高い。その有害性は、非常に高いものから、弱有害とよばれる微弱なものまで、さまざまなものが存在しうる。

遺伝的変異の探索法

遺伝的変異を見出すことは、遺伝学誕生の当初からの、そしてその後の長い年月におよぶ最重要課題であった。遺伝的変異を見出さないことには、遺伝学の研究は一歩たりとも進められないからである。そもそも、遺伝学の創始者のメンデルが一九世紀後半に行った仕事の最大のポイントは、色や形状など、目ではっきり確認でき、かつ背後に遺伝子の変異が確実に想定できる形質に目をつけて、「エンドウ」の実験を行ったということである。

メンデルの仕事に触発された「ショウジョウバエ」の遺伝学では、やはり眼の色などの変異を手がかりに研究が進められた。眼の色のように、質的に区別できる形質以外に、体側の剛毛数のような定量的にしか測れない形質も取り上げられ、その遺伝性から、背後にある遺伝子の変異を推定する手法も進んだ。さらに生化学が発展してくると、血液型などの生化学的遺伝形質の探索と分析の手法も進んだ。また、遺伝子の情報が翻訳されてつくられるタンパク質を電気泳動という方法で分離してタンパク質の分子的差異を検出し、そのもととなった遺伝情報のちがいを推測する方法も用いられるようになった。

一九七〇年代に入ると、組み換えDNA手法と塩基配列決定法を活用して、個々の遺伝子情報を読み解くことが可能になった。遺伝情報の担い手であるDNAそのものへの分析が開始されたのである。しかし多大な労力のかかるこの方法は、多くの個体を分析する必要のある集団遺伝学の研究には用いにくかった。このようななかで、一九八〇年代なかばにおける「PCR法」の出現のインパクトは大きかった。

PCR法とは、細胞のなかでDNAが複製される際に働く酵素を用いて、チューブのなかでこの反応をつぎつぎと起こさせることによって、任意のDNA領域を数時間のうちに数千万倍に増幅する手法である。これによって、一九九〇年代は、DNA分析が飛躍的に発展する時代となった。ミトコンドリアDNAや葉緑体DNAのシークエンス分析（塩基配列分析）、マイクロサテライト分析などに始まり、遺伝子発現の網羅的解析、DNAマイクロアレイ技術、ゲノム解析へと続く、怒濤のような遺伝学研究の大展開が始まったのである。

遺伝情報源

今、ミトコンドリアDNAや葉緑体DNAの名をあげたが、ここで遺伝情報源について整理しておこう。ここまで、遺伝情報は細胞内の核に存在する核ゲノムに担われているものとして話を進めてきた。大筋ではそれは正しいのであるが、じつは、真核生物の細胞には、核以外にもDNAがある。細胞質に存在する好気的エネルギー産生（呼吸）器官であるミトコンドリアが独自のゲノムをもっている。また植物や一部の原生生物は、細胞質にミトコンドリアに加えて光合成器官である葉緑体をもっている。この葉緑体にも独自のゲノムがある。

これらのゲノム上の遺伝子を調べてみると、それぞれ別の細菌の遺伝子とよく似ている。このことは、かつての真核生物の祖先生物細胞に、好気的原核生物の一種の細胞が入り込み、細胞内共生体となったのがミトコンドリアであり、光合成をする細菌の祖先の一つが入り込んで細胞内共生体となったのが葉緑体であるということを、如実に示している。

真核生物は、かつての原核生物から、きわめて重要な生命活動である呼吸や光合成の能力を、細胞内共生によって取り込んだことになる。これらの細胞質器官、とくにミトコンドリアは、ほとんどの場合、母親から卵の細胞質を通じて子孫に伝えられるので、そのゲノムは母系系統を追う研究のための情報源として有用であり、実際にも活用されている。動物のミトコンドリアDNAは、構造もシンプルで、細胞内での存在量も多いので、PCR法を用いて化石試料などいわゆる古代DNAを増幅・分析するのにも有用である。

遺伝学的研究において、DNAを直接分析することは、それが遺伝情報を担っている分子であることから、重要であることは当然であるといえる。しかしそれ以外にも、DNAが遺伝情報物質として非常に安定性に富み、またPCR法によって増幅可能であるという研究上のメリットも大きい。

図11・1は、生物の遺伝的変異を調べるためのDNA分析の流れを示したものである。少量の生物の試料があれば、そのなかにあるDNAを抽出し、PCR法を活用してそれを増幅して、さまざまな分析に用いることが可能である。試料の保存法は、冷凍がベストだが、エタノールに浸けておくのでもよい。乾燥保存もよい方法である。それ以前の、試料を必ず凍結保存しなければならなかったタンパク質分析時代の苦労を考えると、ずいぶん楽になった。また試料がごくわずかでよいというのもあ

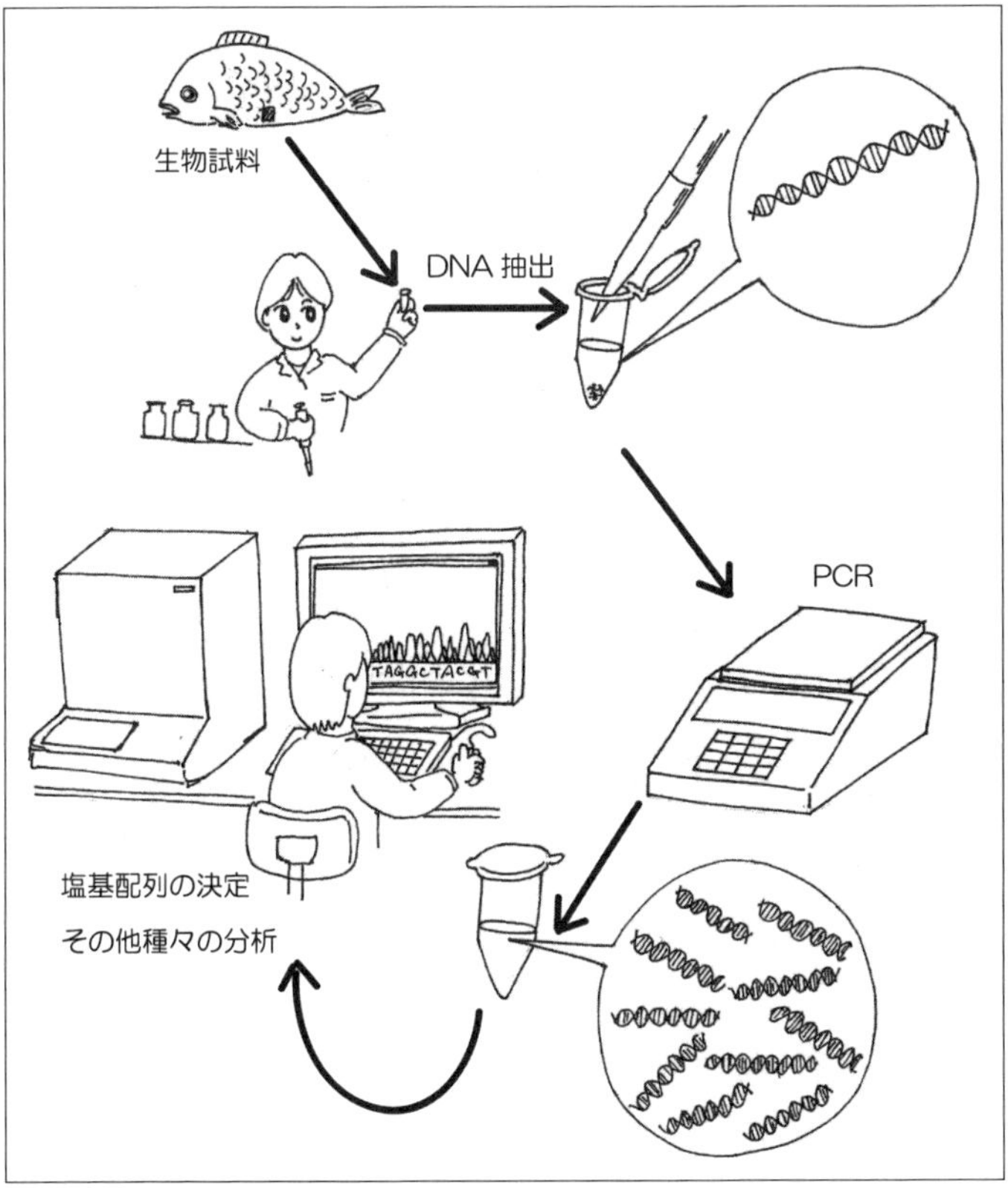

図 11. 1 生物多様性理解のための DNA 分析の流れ

りがたい。小さなチューブのなかで反応させることで、マイクロリットルという単位で分析できる。こうした条件により、野生生物についても体のごく一部、わずかな体液、排泄物などを採取できれば、それを試料にして多数の個体について容易に遺伝分析をすることが可能になっている。この現実的な研究基盤は、保全に関する遺伝学の成立にとって非常に重要である。

2　集団における遺伝現象

遺伝子プールとしての集団

毎世代、ゲノムをシャッフルして子をつくる有性生殖生物の繁殖は、必然的に個体群（集団）のなかで進むことになる。集団の遺伝的多様性や遺伝子組成は、複雑に絡み合う種々の必然的要因と偶然的要因の影響を受けながら、ダイナミックに変動する。前にも述べたように、集団の遺伝子組成の変化が進化の素過程であり、また適応の基礎である。そのため、進化を理解するうえでも、保全を考えるうえでも、集団における遺伝現象のあり方をよく承知しておくことは、きわめて大切である。そこでつぎに、有性生殖をする二倍体生物の集団における遺伝現象について考えることにする。

集団における遺伝現象を考える場合、特定の遺伝子座に着目することになる。そして、その遺伝子座における遺伝子の種類や多様性、個々の遺伝子（対立遺伝子）の頻度、さらにそれらの変動に注目する。遺伝子型を問題にすることもあるが、集団の遺伝的組成は対立遺伝子頻度というかたちで表すことが多い。つまり、集団を個体の集合というよりも、遺伝子の集合とみるわけである。一個体は各遺伝子座に二つの遺伝子を有するので、集団が千個体からなるような場合には、それを二千個の遺伝子のプールと考えるのである。

こうした遺伝子プールという扱いが妥当であるという根拠の一つは、メンデルの遺伝の法則のうち「分離の法則」と「独立の法則」にある。同じ個体に乗り合わせた二つの遺伝子も、つぎの世代に伝わるときには、減数分裂があるので分離する。また、ほとんどの遺伝子座は異なった染色体上にあり、同じ染色体上にある場合も、染色体は減数分裂の際に必ず組み換えられるので、ある程度の世代数を考慮すれば、個々の遺伝子座は独立しているとみなせるのである。

非常に多くの個体からなっていて、それらがランダムに交配（任意交配）する集団を考えてみよう。突然変異や自然選択、そして移住がないとすると、その集団の対立遺伝子頻度は、世代交代を繰り返しても変わらず、遺伝子型頻度はハーディー・ワインベルグ式（遺伝子頻度の多項展開式）で表せるような平衡（「ハーディー・ワインベルグ平衡」）を示す。現実には、個体数は必ず有限であり、また突然変異や自然選択がないことはありえないが、個体数の多い自然集団では、事実上、この平衡状態にあるとみなせることが多い。このハーディー・ワインベルグ平衡というのは単純ではあるが、一種の理想状態での遺伝子頻度と遺伝子型頻度との関係を示すモデルとして、集団の遺伝現象を考えるうえでの重要な基礎である。この平衡から期待される状態からのずれを手がかりに、近交、自然選択、移住などを検出することができるのである。

適応度に重要な影響を有する形質には、体のサイズ、寿命、産卵数などのような、いわゆる量的形質が多い。こうした形質は、多くの遺伝子座によって支配されるとともに、大なり小なり環境の影響も受けている。したがって、量的形質の遺伝的分析では、遺伝要因と環境要因をいかに峻別するか、多数の遺伝子の効果をどのように評価するかなどが重要で、そのための種々の独自の工夫が量的遺伝学として体系化されている。量的形質を支配する遺伝子座（QTL；Quantitative Trait Loci）の場合も、個々の遺伝子座の対立遺伝子は基本的に独立に遺伝するものなので、それらの集団内部での挙動は、ハーディー・ワインベルグ平衡を基礎にした見方で理解される。

保全を考えるうえで重要となる集団の遺伝的変異性は、ある遺伝子座にどのくらいの種類の対立遺伝子が存在するかを知ることによって、ある程度は知ることができる。遺伝的変異性の指標としてさらに重要なのは「ヘテロ接合体率」である。ヘテロ接合体率には、実際に観察されるヘテロ接合個体の割合としての「観察されるヘテロ接合体率」と、ハーディー・ワインベルグ平衡にあるとしたときに期待される「期待されるヘテロ接合体率」とがある。近交や遺伝子頻度の異なる集団からの移入・混合がある場合には、前者が後者よりも小さくなるので、両者の比をみるだけでもいろいろなことがわかる。

遺伝子頻度を変化させる要因

集団の遺伝子頻度や遺伝子型頻度を変化させる要因にはどのようなものがあるだろうか。その答えを簡単にいえば、ハーディー・ワインベルグ平衡の前提として排除されている要因である、ということになる。すなわち、突然変異、交配様式、移住、遺伝的浮動、自然選択などである。

「突然変異」は、遺伝的多様性の唯一の創成要因であり、長期的にみると重要な要因である。しかし、個々の遺伝子あたりの生起頻度は、前にも述べたように低いので、短期的な変動を考えるには、無視してもよい。不可避的に集団内で進行する近交は、遺伝子頻度ではなく、遺伝子型頻度に影響を与え、つねにホモ接合体の頻度を上げる。

移住の影響も明白である。遺伝子組成の異なるほかの集団からの個体の流入は、それらの個体が当該集団の個体と交配をすると、集団の遺伝子頻度に影響を与えることになる。このような個体の移住や配偶は、集団遺伝学的にみると遺伝子の移動にほかならないので、遺伝子流動（gene flow）とよばれる。

動物では配偶子が長い距離を移動することはなく、遺伝子流動は個体が担っているといえる。遺伝子流動におもに関与する個体の生活史段階は、種によってたいへん異なる。成体のほうが移動性の大きな動物も多いが、海洋や湖沼に生息する動物には受精卵や幼生が浮遊生活を送るものが多い。後者では、このような生活史初期の個体が遺伝子流動の担い手となる。根を下ろせば後は実質上移動できない植物では、遺伝子流動は花粉流動や種子流動として起こる。配偶子が風や動物に媒介される花粉流動が遺伝子流動の重要な部分を占めることは、個体群の遺伝的構造を決めるうえでの植物の特質である。

集団の対立遺伝子頻度を変化させる要因でとくに重要なのは、遺伝的浮動と自然選択である。後者は環境の作用により、必然的に駆動するプロセスである。それに対して、遺伝的浮動は偶然の効果である。集団のもつ対立遺伝子は、配偶子プールに配分されると考えられるが、そのどれが受精して接合子となるかは、偶然の影響を強く受けるからである。こうした偶然の影響があること自体は、個体数（集団の大きさ）が有限である以上、必然的なことである。

遺伝的浮動により対立遺伝子頻度は揺らぐ。頻度が大きく振れて、いったん集団から消失すれば、それ以後はその対立遺伝子は突然変異か移入によって集団に現れることがないかぎり、回復しないことになる。つまり、遺伝的浮動は遺伝子多様性を一方的に減少させる。また、自然選択的に有益な対立遺伝子であっても、偶然によって頻度を下げたり、消失したりすることが起こりうる。逆に、有害な対立遺伝子であっても偶然に頻度を上げ、固定する（唯一の対立遺伝子となる）こともありうる。

個体数が非常に多い集団では、遺伝的浮動の影響は実際上無視できる。しかし、個体数が少ない集団では、その影響はけっして無視できない。この影響は、集団の個体数が少なければ少ないほど顕著となる。保全対象となる集団は、ほとんどの場合、個体数が少ないので、保全を考える際に遺伝的浮動は重要な要因となる。

自然選択

機能的な遺伝的変異があれば必然的に作用するもう一つの重要な機構として「自然選択」がある。自然選択も基本は非常に単純である。たとえば、たくさんの同じ大きさの紙切れを一枚ずつ丸めて、いっせいに向こうへ投げてみたとしよう。紙切れの丸め具合には、固く丸められたものから、ゆるく丸められたものまで、変異があるだろう。抵抗のある空気中を飛んで床に落ちた紙切れの群をみると、きっと遠くには固く丸められたものが多く、近くになるにしたがってゆるく丸められたものが多いという、明らかな傾向が観察できるだろう。紙切れの「変異」に、空気抵抗の「選択」がかかったのである。もし、遠くにカゴでも用意しておいて、それに入ったものだけを取りだすなら、固く丸められた紙切れだけを選びだせるだろう。自然選択とは、このように自然界で普通に働いている選択過程の一種なのである。

自然選択の概念は、ダーウィンが生物の適応的進化を説明するために提唱したものである。非常にシンプルで疑う余地のない概念であるにもかかわらず、いまだに多くの人たちが誤解したり疑ったりするのは不思議である。しかし、そもそも一九世紀後半にダーウィンが提唱するまで、これに人類が明確なかたちでは気づいていなかったという事実を想起すると、人類の知性には苦手とする領域があり、自然選択はそれに抵触する概念の一つであるかもしれないと想像したくもなる。それはともかく、自然選択は、ごくシンプルな、自然ではどこにでもみられる過程に基礎があるもので、個物に個性

（変異）があれば必然的に起こる現象だということである。

遺伝子の機能に変異があれば、その持ち主の生存可能性や繁殖成功度に差が生じる。それは、その対立遺伝子が次世代へ存続する確率に影響する。こうして自然選択によって、必然的に集団の対立遺伝子頻度に変化がもたらされる。自然選択の強さは、対立遺伝子によって、あるいは環境条件によって異なる。また、自然選択は表現型を通じて働くので、対立遺伝子に表現型への影響力のちがい、つまり優劣があれば、自然選択の働き方は単純ではなくなる。

生物にとっての環境は、時々刻々、変化している。過去から延々と続いている地球規模あるいは地域的な気候変動などの物理的環境の変化に、今や人類活動の影響が大きく加わっている。さらに病原体、寄生者、競争者など生物的環境の変化が、生物にとっては非常に重要である。

前にも述べたように、病原体は著しい速度で進化を続けている。たとえばインフルエンザウィルスは、毎年のように新しい遺伝的系統を生んで世界に蔓延する。生存に対して大きな影響を与える生物的環境がこうして刻々変化しているのであるから、種が存在し続けようとするなら、つねに進化していなければならないと考えられる。この考えは、「赤の女王仮説」とよばれる。『鏡の国のアリス』で赤の女王が述べる「同じ場所にとどまるためには、力のかぎり走らねばならない」という言葉にちなんでのことである。生物的環境変化に追いついていけずに絶滅することを免れるには、種は進化的に適応する必要がある。この適応的進化は、集団内に存在する遺伝的変異に自然選択が働くことによってのみ可能である。

遺伝的変異の維持機構

このように遺伝的変異は進化可能性のカギとなる要素なので、それがどのように集団内に保有されているのかを知ることは、進化や保全の理解にとって重要な課題である。

集団の遺伝的変異のレベルは、突然変異や遺伝子流動の影響のもとで、主として遺伝的浮動および自然選択の作用によって決まる。突然変異の多くは、すでに述べたように遺伝子の機能を損ねる。したがって、保全を考える場合、変異性を高めるには突然変異率を上げればよいという結論にはならない。有害な遺伝子の生成が増えれば集団に大きな負荷がかかるからである。有害対立遺伝子は集団内に存続するとしても、自然選択による除去と新たな突然変異による追加とのバランスで、普通は各遺伝子座あたり一パーセント以下の低い頻度となる。

有害突然変異と並んで中立突然変異も多いことは先に述べたが、こうした中立的変異の運命は主として遺伝的浮動にゆだねられる。生じた中立突然変異は、いずれ消失するか固定するまでの間、遺伝的浮動の影響のもとで集団内にとどまる。したがって、有害遺伝子とちがって頻度の高いものも多数存在する。これらは原理上、適応にほとんど影響しないので保全には直接は関係しないが、種内の集団構造を解析したり、遺伝的変異性を探ったりする際の「遺伝マーカー」としては、たいへん有用である。もちろん、ある変異が絶対的に中立ということではない場合も多々ありうる。ある環境条件下に、ある遺伝子の組み合わせのなかで中立であったものが、条件が変われば中立でなくなることも十分にありうる。

新たな中立突然変異の固定は、遺伝的浮動つまり偶然の影響下で起こる現象なので、長い時間スケールでみれば、DNAレベルの進化はほぼ一定の速度で進むことになる。このため、DNAの特定の領域を適切に比較することによって、前章に述べたような系統推定も高い精度で行える。それはまた、「分子時計」として進化時間を推定する際の重要な手がかりともなりうる。

自然選択のかかり具合が単純でない複数の対立遺伝子が存在する場合には、遺伝的多様性が自然選択によって積極的に集団内に維持されるという状況が生じうる。このようなかたちの自然選択には、大別すると三つのタイプがある。

一つめは、ヘテロ接合体がホモ接合体よりも選択的に有利な場合である。このような現象は「超優性」とよばれる。ヒトなどの脊椎動物の免疫で重要な主要組織適合性抗原複合体（MHC）遺伝子や、植物の自家不和合性にかかわるS遺伝子などで、その例がみられる。

二つめは、頻度依存選択である。ある対立遺伝子の頻度が集団内で高いときには、その持ち主の適応度は低いが、集団内での頻度が低くなってくると逆に適応度は高くなる、という場合である。この場合、自然選択は、複数の対立遺伝子を積極的に維持するように働く。たとえば、鳥のような視覚的探索イメージに頼って餌をとる生物の捕食がある場合、餌生物に色彩・斑紋多型があれば、多数派がねらわれやすいので、少数派が有利になる。この少数派の割合が増えてきてこれが多数派になると、選択圧が強くなって頻度の増加が抑えられるようになる。こうして、色彩多型が積極的に維持されることになる。

三つめは、選択方向の時間的・空間的変動である。暑い季節と寒い季節で選択の方向が変わったり、集団の分布範囲内に環境条件の異なる生息場所（たとえば寒い高地と暖かい低地）があり、両地域で選択の方向が異なったりする場合、自然選択は、それぞれの環境条件に適した対立遺伝子のいずれをも積極的に維持することになる。

3　小集団内で起こること

個体数と遺伝的多様性

集団の遺伝現象に作用する種々の要因は集団サイズにかかわりなく働くが、その影響の現れ方は集団サイズに大きく依存する。個体数が少なければ少ないほど、遺伝的浮動の影響が大きくなる。遺伝的浮動の作用の帰結は、最終的には遺伝的多様性（遺伝的変異性）の減少である。前節で述べた、積極的に変異を維持するかたちの自然選択の作用も、ほかの自然選択の場合と同様、集団のサイズが小さくなればなるほど遺伝的浮動の影に隠されていく。そのため、そのような自然選択が働いている場合でも、小集団では遺伝的多様性は失われてしまうことになる。集団サイズの問題はしたがって、保全を考えるうえできわめて重要なことがらとなる。

集団サイズに関して留意すべきは、遺伝的に有効な集団サイズは実際の集団サイズよりもつねに小さいということである。多くの生物集団では、前者は後者の約一〇パーセントというのが平均的実態である。個体数が多くても、その大部分が繁殖年齢を過ぎた老齢個体であったり、逆に繁殖年齢に到達していない若齢個体であったりする場合を想定すれば、このことはすぐに理解できるであろう。また、成体だけを考えても、その性比が一対一から外れれば外れるほど、有効集団サイズは成体個体数よりも小さくなる。たとえば、アザラシなどにみられるような「ハーレム」状態を考えてみよう。実際に繁殖できるのは雄一個体と雌一〇〇個体であるとしよう。この場合、有効集団サイズは三・九六と算出される。実個体数が一〇一、あぶれ雄も加えれば二〇〇であるのに対し、有効な個体数は約四個体ということである。

有効集団サイズに大きく影響するもっとも重要な要素は、個体数の変動である。とくに個体数の一時的減少時の影響が大きい。有効集団サイズは、各世代の成体個体数の算術平均ではなく、調和平均であることがわかっている。事例として、北アメリカ西海岸沿岸にかつて多くの個体数が生息していたキタゾウアザラシで考えてみよう。キタゾウアザラシは、狩猟によっていったん絶滅寸前まで減少したが、保護対策によって個体数を回復した。話を簡単にするため、一〇万個体いたものがつぎの世代で数十個体になり、ふたたび一〇万個体に回復したとする。この場合、推定される有効集団サイズははは約六〇個体となる。これらの世代の算術平均個体数である約六七〇〇〇より、有効集団サイズははるかに小さいのである。

一時的な個体数の減少がとくに著しい場合、この時期に、小集団において生起するあらゆるできごとがみられる。遺伝子頻度が大きく変動し、変異遺伝子が消失して、遺伝的多様性の減少が起こる。近交も進行する。その後、個体数がふたたび多くなったとしても、いったん減少した遺伝的多様性は、そのまま後の集団に引き継がれる。そのため、個体数は回復しても、遺伝的多様性の低さや遺伝的組成の偏りは、容易に回復することはない。これが「ボトルネック効果」（ビン首効果）である（図11・2）。ビンのなかに入れてあるさまざまな色彩のビーズ玉を、細いビンの首を通して少数取りだすと、一部の色彩のものに偏ってしまいがちであるというイメージでとらえると、わかりやすいかもしれない。

このように、保全を念頭に集団サイズを考える場合、見た目の個体数に惑わされることなく、有効集団サイズを問題にする必要がある。

近交と近交弱勢

小集団には、このように遺伝的多様性が減少するということに加えて、もう一つ重要な問題がある。それは近交の進行である。近交とは、なんらかの類縁性のある（つまり、一個体ないしそれ以上の同じ個体を祖先にもつ）個体間の交配のことをいう。この場合、個々の遺伝子座において、両親から子に一つずつ伝える合計二つの遺伝子が、両親が共通にもつ祖先個体の同一遺伝子に由来する可能性が

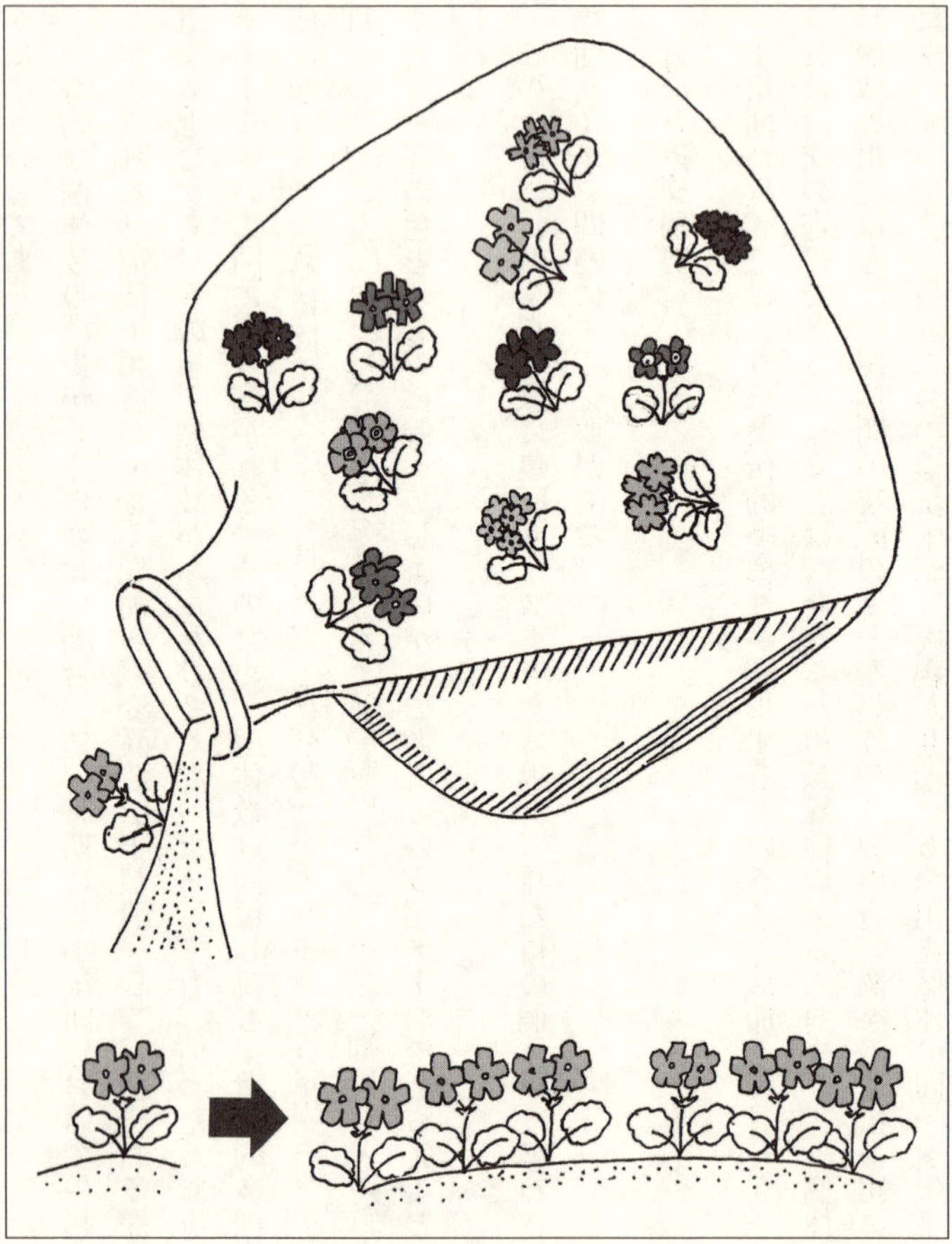

図 11. 2 ボトルネック効果

ある。その可能性が現実になる確率は、そのペアが近縁であればあるほど高くなる。

近交度（近交係数）はその確率を示すものである。まったく類縁性のない個体間でしか交配が起こらないという状況は、集団のサイズが無限大の理想集団でしかありえない。現実には集団サイズは有限であり、近交は大なり小なり起こっている。交配がランダムであっても、近交は不可避的に進行する。

集団サイズが大きい場合には、突然変異や自然選択など、ほかの要因の影響で、近交の影響は実際上無視できる程度に小さいことが多いが、集団サイズが小さいと事態は大きく異なってくる。小集団でランダムに交配していても、その集団は早々に血縁個体ばかりになってしまうからである。小集団では近交度は速やかに上昇するのである。多くの生物は近交を避けるさまざまな機構を進化させている。たとえば、多くの植物は、自家不和合システムを有している。哺乳類では、同じＭＨＣ遺伝子を有する個体との交配を避けることが観察されている。個体数の多い状態では、これらの近交を避ける機構が働くが、出会うのが近縁個体ばかりという小集団になれば、それらの個体と交配せざるをえなくなるので、当然その機構は働きにくくなる。

近交は子の生存力・繁殖力を下げる。このことを「近交弱勢」というが、この現象は、生物を何世代も飼育した経験のある人には昔からよく知られていた。実際、調査されたほとんどの生物で近交弱勢が観察されている。近交はホモ接合レベルを上げるので、多くは劣性（ヘテロ接合状態では表現型に現れない）である有害対立遺伝子がホモ接合状態になり、その有害性が表に出てくる。これが近交弱勢の実態である。したがってその強度は、近交のレベルや、関係する遺伝子座における優劣の度合いなどに依存する。留意する必要があるのは、近交弱勢は多型的で優劣のある多数の遺伝子座での効果の総和として現れるということである。

近交を続けている集団では、自然選択による劣性有害対立遺伝子の除去（パージング）が進むことが考えられる。これが「除去選択」とよばれるものである。実際、自殖植物や長年小集団で維持されている近交度が高まっている生物では、近交弱勢の効果が小さいことがわかっている。しかし、こうした動植物においてさえ、近交弱勢の悪影響が完全に除かれることはない。これは、突然変異によって新たな有害対立遺伝子がつぎつぎに参入してくることや、遺伝子間相互作用のために容易には除去されにくい有害対立遺伝子が存在することなどによるものである。他方、絶滅が危惧される集団では、そもそも近交度が急速に上昇しており、どの個体も生存力・繁殖力の低下を被るため、除去選択の強さに耐ええない情況になると考えられる。したがって、保全の現場で除去選択の効果を期待することはできない。

近交弱勢は異系交配によって改善されうる。ただし、異系交配には、次章で述べるように、異系交配弱勢という問題もある。近交の害を除くためにはなんでもよいから混合すればよいというものではない点にも注意が必要である。

絶滅の渦

環境が変化した場合、生物個体はその変化に生理的に順応しようとする。しかし、環境変化の程度がどの個体の順応能力をも上まわれば、その種は絶滅することになる。環境変化に追いつけずに絶滅することを免れるには、種は進化的に適応する必要がある。この適応進化は、集団内に保有されている遺伝的変異によって可能となる。そのため、小集団内部で進行する遺伝的多様性の減少は、進化可能性の低下をもたらし、集団の長期的存続に負の影響を与える。一方、小集団内での近交の進行は、個体の生存力・繁殖力の低下を通じて、短期的に集団の存続可能性を低下させる。

実際に近交が集団の絶滅率を上げるという証拠は、理論的研究からも多数の飼育実験研究からも得られている。ただし、自然集団の研究からそうした証拠が得られた事例はまだ多いとはいえない。また、近交度が高そうであるのに明瞭な近交弱勢の兆候を示さずに存続している小集団がある。こうしたことから、絶滅への近交弱勢の影響を疑問視する見解もありうる。

しかし、自然条件下での絶滅とは、遺伝的要因以外に環境変動や個体数変動など多くの要因が絡んで生じる現象である。それら多数の要因を自由に調整して研究するという具合には、容易にはいかない。したがって、特定の要因の影響だけを明瞭にすることは非常に困難である。そのため、野外での証拠がまだ多くないからといって、近交の悪影響がないと考えるべきではない。また、近交度が高い集団が明瞭な近交弱勢の兆候を示さずに存続しているという事例があることも、近交弱勢を軽視する根拠にはならない。不摂生であるのに長生きしている人がいるからといって、不摂生の健康への有害性を否定することはできないのと同じである。

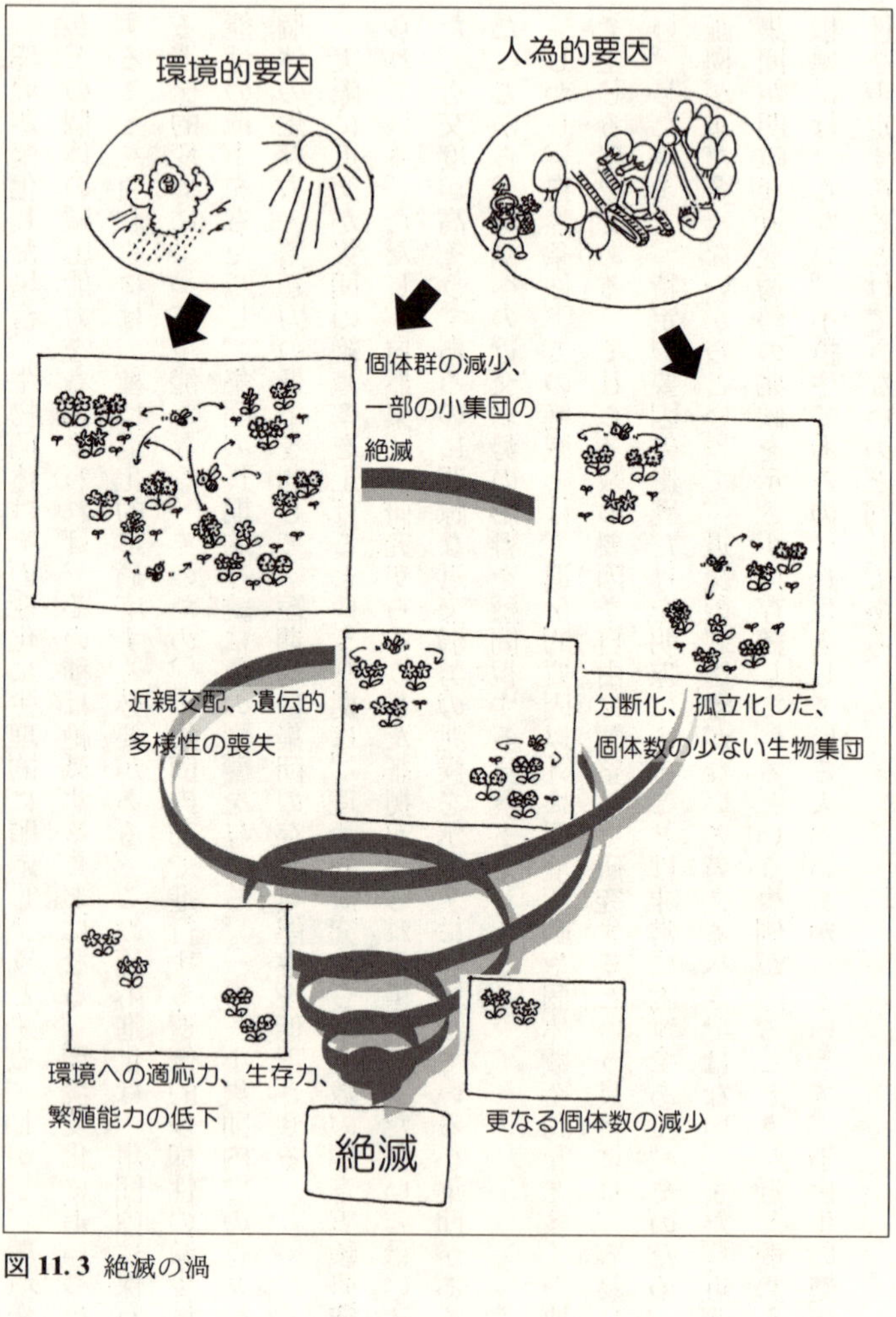
環境的要因
人為的要因
個体群の減少、
一部の小集団の
絶滅
近親交配、遺伝的
多様性の喪失
分断化、孤立化した、
個体数の少ない生物集団
環境への適応力、生存力、
繁殖能力の低下
更なる個体数の減少
絶滅

図 11. 3 絶滅の渦

遺伝的多様性の低下や近交の悪影響の程度・内容はさまざまであり、それらの害がすぐにはみえない場合もありうる。ボトルネックを経て遺伝的変異性が低下し、また近交度が高くなって個体の生存力・繁殖力が弱まっている集団が、個体数だけはなんとか回復した状態を考えてみよう。個体数の面では健全にみえても、そこに新たなインパクト、たとえば環境変動なり、新たな病原体、捕食者、あるいは競争者の侵入なりがあった場合、この集団は、遺伝的変異性が高く近交度が低い集団に比べて、絶滅へと転げ落ちる可能性は格段に高い。

生息環境の荒廃や消失、あるいは乱獲などによって個体数が減ると、集団内に保有される遺伝的多様性が減少し、進化的ポテンシャルが減少する。また近交が進行して個体の生存力や繁殖力が低下する。その結果、個体数はさらに減少し、それがさらに近交弱勢の強化を招く。こうして集団には、絶滅への坂を加速的に転がり落ちる正のフィードバック機構が働くと考えられる。この悪環境は「絶滅の渦」とよばれる（図11・3）。絶滅の渦が駆動するカギは、小集団内で必然的に進行する遺伝的多様性の減少と、近交の進行という、二つの遺伝的プロセスである。

第12章——保全をめざす遺伝学

1　なにを保全単位とすべきか

保全遺伝学の課題

これまで述べてきたように、ランドスケープや生態系の構成要素である個々の生物集団の存続と絶滅過程には、種々の外部要因とともに遺伝的要因が深く関与している。生息場所が狭められたり捕獲されたりして個体数が少なくなると、遺伝的要因の影響はより大きくなる。したがって、生物の保全を考える際には、遺伝的な問題を抜きにすることはできない。保全のための遺伝学が求められるゆえんである。

こうして二〇世紀末に、「保全遺伝学」という分野が確立した。保全遺伝学は、まずは集団の絶滅にかかわる遺伝的要因を明らかにし、遺伝的側面から絶滅リスクを下げる方途や集団再生の指針を提示することを目標とするが、その周辺には幅広い関連領域をもっている。この章では、私たちがかかわった若干の研究事例にもふれながら、保全遺伝学の課題と展望について述べることにしよう。

保全遺伝学に与えられた課題の第一は、遺伝的な保全・管理を考えるうえで一つの集団として取り扱うべき個体の範囲、すなわち「保全単位」の判定である。種が重要な保全単位であることは明らかであるが、種内にも重要な保全単位が存在しうる。個々の地域には特有の環境をもつ生態系が形成されている。それに応じて地域固有の集団が存在する場合、その保全も重要な課題である。そのような地域的固有性を測るにも、DNA情報の分析は不可欠である。

また、集団の遺伝的管理方途の究明も保全遺伝学の重要な課題である。最低限、どのくらいの数の個体数を維持すればよいのか、あるいは近交弱勢の有害性を少しでも食い止めるにはどうすればよいのか、といった多くの問題が存在する。集団の分断化・孤立化にどう対処すべきかも、重要な問題である。また、飼育条件下での集団の遺伝的管理の問題もある。たとえば脊椎動物のうち二千もの種が、もはや野外では存続が危うく、飼育下で保存しなければならない状態になっているとされるが、そのような場合、遺伝的な劣化を防ぐ交配はどのように行えばよいのか、また飼育下で系統を維持された生物を自然界へ再導入する際にはなにに気をつけるべきかなど、究明されねばならない事柄は多い。

このような課題に取り組むには、対象となる生物種の遺伝的・生態的実態についてのくわしい情報が必要である。そのための分子系統解析や遺伝マーカーの活用による情報の入手も、保全遺伝学の重要な内容となる。分子遺伝学的な解析は、絶滅が危惧される生物の不法な採取や取引を明るみに出したり、異種間交雑などによる遺伝的攪乱をモニタリングしたりするうえでも有用である。またそれは、分類がまだ十分に整理されていない生物群において、種を識別できる遺伝マーカーを提供することなどにより、分類の未整理な状況の改善に大いに貢献する。分子遺伝学的な解析は個体間の血縁関係の解明をはじめ、繁殖システムや集団構造の推定、性別の判定、移住・分散率の推定などにも有用である。さらに、近交弱勢や異系交配弱勢のメカニズムの解明、環境適応の遺伝的基礎の解明なども、保全遺伝学と保全生態学の学際領域の重要な課題であろう。以下には、こうした保全遺伝学のこれまでの成果とこれからの可能性について、とくに重要なところに焦点をあてて紹介する。

保全単位

なにを保全対象とすべきかを明瞭にすることが、保全遺伝学の重要課題の一つである。どのような単位を遺伝的管理の対象として取り上げるべきなのだろうか。まずは生物学的な種が主要な保全単位であるということは、第10章で述べたことからも明らかである。ただ、交配による遺伝的つながりを基準にした「生物学的種概念」は、無性生殖をする生物にはあてはまらない。幅広い生物に適用可能とするために、これをもう少し拡張し、系統的類縁性や進化時間を考慮した進化的・系統的種概念を用いるほうが、都合がよさそうである。

いずれにせよ、こうして生物学的種概念やそれを拡張した概念で認識される種が形成されるには、通常、かなり長い時間がかかっている。数万年という短時間で多数の種が生じたと考えられる事例もありはするが、むしろそれは稀なことであり、通常の種形成過程は数十万年という単位の時間を要すると考えられる。したがって、個々の種は、これだけの時間あるいはこれ以上の時間にわたる独自の進化の歴史を背負った存在だということであり、そのいずれもが保全の対象になるべきものである。

しかし、種だけを保全単位として絶対視するわけにはいかない。一つの種といえども、それを構成するさまざまな地域集団が、それぞれ異なった地域生態系の構成要素となっている。そして、それらの地域集団の遺伝的独立性が強い場合には、それらが進化的にユニークな存在として保全に値することはいうまでもない。すなわち、これらも重要な保全単位となる。この意味での保全単位は、「進化的に重要な単位」(ESU; Evolutionary Significant Unit) ともよばれる。それは、換言すればDNA解析によってほかと明瞭に区別される集団である。

種内の変異がよく研究された生物では、種内に亜種が設定されている場合がある。亜種は、明瞭な分化を遂げたユニークな地域集団を分類学的に重要なものと考えた場合に設定されるもので、学名がつく最小の単位である。こうした亜種を含め、ユニークな地域集団がESUと認識されることになる。もっとも、旧来の分類は、表現型にもとづいて行われていたので、亜種とされていても遺伝的にはほとんど差異のないものもありうる。したがって、亜種が必ずしもESUと一致しないこともある。一方、種内変異が分類学的によく研究されていない生物では、亜種の設定がなされていないことも多い。

この場合も、分類とESUとの整合性は悪くなる。

このESUは重要な概念であるが、どこまでほかとちがえばESUと判定するのかについて、客観的な基準を設定することはなかなかむずかしい。また、その判定には、ミトコンドリアDNAなど、検出される変異の大部分が自然選択的に中立である分子マーカーが手がかりにされる。そうすると、適応進化を反映した差異を見落とす可能性がありうる。さらに、分断された多数の小集団からなっている生物は、ESUが認められやすいというバイアスも出てきそうである。

そこで、もう少し検討条件を増やして保全単位の判定を行おうとする試みもなされている。交換可能性（可換性）にもとづく管理単位の提唱はその一つである。これは、ある集団に着目し、それらとほかの集団との交換可能性を検討して、その結果を基準にしようとするものである。ほかの集団との差異を遺伝的なもの（中立的遺伝マーカーで測られるもの）と生態的なもの（遺伝的な適応的差異の存在を示唆するもの）とに区別して評価する。さらに、これらの差異が最近生じたものか、歴史的なものかについても推定し、それらを総合して保全単位としての重要性の評価を下そうというものである。

なお、保全単位に関連する概念として「管理単位」（MU；Management Unit）がある。天然における生物種を、保全目的で、あるいは生物資源として持続的に利用するために管理しようとする場合、他集団との間で個体の出入りが少なく、実際上、人口学的に独立した集団を単位とすることになる。これを「MU」とよぶ。水産資源の場合は、こうした単位は「系群」（stock）とよばれ、管理方策が策定される対象となる。

ＭＵは中立的分子マーカーを用いたのでは、その存在を検出できない場合もあることに注意が必要である。中立的遺伝子の場合、集団間に世代あたり数個の遺伝子の交流があれば、遺伝子頻度に大きな差異は生じないことが、理論的にわかっている。したがって、集団間における個体の移動の程度が、個体数変動においては集団の独立性を維持する程度には十分低いが、毎代数個の遺伝子の交流を保障する程度には十分高いというレベルがありうる。中立的分子マーカーは、ＭＵの検出には万能ではないことを念頭においておかなければいけない。

遺伝子分析による保全対象の「発見」

ＥＳＵなど、保全対象とすべき単位がある程度明確になっている生物は、地球上の全生物のうち、ごくごく一部でしかない。大型動物や大型植物の一部では種内の遺伝的・系統的構造がかなり明らかになってはいる。しかし、それ以外は、これまでにはほとんど研究がなく、情報が欠如している。実際に遺伝的分析を進めてみるまで、実態はわからない。実際に研究をしてみると、複雑な遺伝的・系統的構造が見出されたり、ときには別種とみなすべきものの存在が見出されることもある。普通種のなかにさえ、そのようなものが発見されることは、私たち自身がたびたび経験してきたことである。そのような例を一、二あげてみよう。

「アユ」は、東アジアとくに日本を中心とした地域の川に普通にみられる種で、河川生態系において重要な位置を占める種の一つである。秋に下流域で孵化した仔魚は、川の流れに乗って海に入り、冬の何カ月かをそこで過ごした後、春になると若アユとして河川に戻ってきて中流域に定住する、という生活史をもっている。かつて私たちは、各地から得た本種の地域集団の遺伝的分析を行った。そうしたところ、琉球列島に固有のユニークなアユが存在することが「発見」された。この集団は、「リュウキュウアユ」として分類学的には亜種と位置づけられた。

リュウキュウアユは、遺伝的にも、また社会行動や生活史の面でもたいへん特異である。おそらく百万年レベルの年月にわたって、独自の進化の道筋をたどってきたことがうかがえる。このリュウキュウアユ成立の歴史は、日本〜琉球列島の地史と照らし合わせるとよく理解できる。逆にいうと、リュウキュウアユは、西部日本から琉球列島の地域の歴史を反映した「生き証人」だということになる。どのような面からみても、リュウキュウアユは重要な保全単位である。遺伝的分析がなされて、初めてこの存在が鮮明に認識できたのである。

普通種にもまだまだ謎が

もう一つ、日本の淡水域からの例をあげよう。それは「コイ」である。コイも日本の淡水域に普通にみられる生物である。その分布はユーラシア大陸の広い範囲におよんでいる。本種は、早くから飼育品種がつくられた数少ない魚類の一つで、その品種にはニシキゴイなどが知られている。色の黒いマゴイも、紅いヒゴイも、あるいはニシキゴイも、遺伝的には区別がつかないくらいよく似ているので、これらはすべて一つの種＝コイとして認識されている。ところで、琵琶湖水系をはじめ日本各地には、昔から体がやや細長い「野ゴイ」などと称されるコイが生息することが知られていた。最近、私たちは、この野ゴイを含めて、いくつかのコイの遺伝的分析を行った。その結果、たいへん興味深い事実が浮かび上がってきた。

これら日本のいくつかのコイから得た遺伝的データを、世界各地のコイのそれと慎重に比較した。そうしたところ、体の細長いタイプの個体は、いずれもほかとは遺伝的に大きく異なるものであることが明らかになった（図12・1）。その分化の古さは、数十万年のレベルに達していると推定される。琵琶湖周辺の数十万年前の地層からは、いくつかのタイプのコイ化石が出土する。もしかすると、野ゴイとよばれているものは、その当時の日本に生息していた多様なコイの、一つの系統の子孫なのかもしれない。つまり、より古くから日本にいた在来コイ（「古代コイ」）である可能性がある。

このコイは、養殖されているコイとは、種々の生態的・生理的性質が異なっていそうである。養殖型のコイは、自然水系に放流された場合に、底土を掘り返すことにより水生植物の繁殖を妨げるという害をおよぼすことがしばしば指摘される。しかし、この害は、この型のコイが養殖品種であるために生じているのかもしれない。天然水域に長く存続してきた在来型のコイでは、そのような害はほとんど出ない可能性がある。また、両者はコイ・ヘルペスウィルスへの感受性もちがっていそうである。十把一からげにコイとしていた魚のなかに潜んでいた大きな多様性を、今後さらにしっかり把握し、実態にあったかたちで保全・利用すべきである。

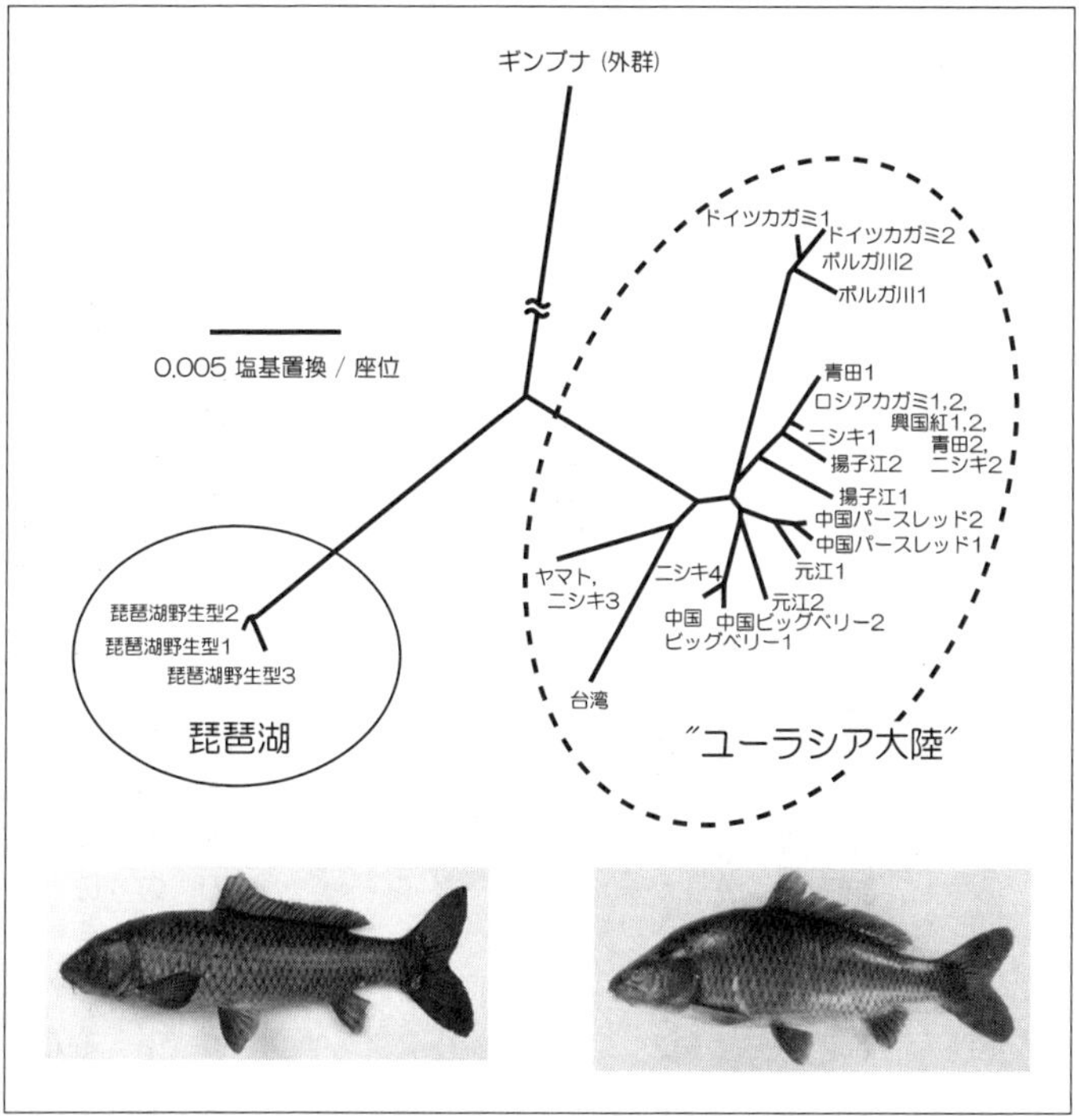

図 12. 1 遺伝的分析によって琵琶湖から「古代コイ」がみつかった
（撮影：瀬能宏）

私たちが体験したこれらの事例が示すことは、種内の構造を解明し、保全単位を認識するうえで、新しい遺伝子分析が大いに威力を発揮するということである。すでに多くの研究があり、よく知られていると思われがちな「普通種」においても、このように重要な保全単位が知られずに存在しているのである。こうした発見をすることも保全遺伝学の重要な責務の一つということができる。

2　集団の保全と再生

自然集団の保全に必要な個体数

保全が必要な種とその集団についての理解がはっきりしたならば、集団サイズの減少傾向が続いているかどうか、あるいは分集団化が進行しているかどうかなど、対象生物の現状についての知見を得ることが重要である。そして、それとともに、遺伝的変異の減少傾向があるかどうか、近交弱勢の顕在化が進んでいるかどうかなど、遺伝的問題の検討がなされる必要がある。もし、小集団化の悪影響が明瞭でない状態であれば、余計な遺伝的操作はしないのがよいであろう。生息環境の維持・改善などによって、自然の状態での維持あるいは個体数の増加を図れるからである。

生物集団の個体数が少なくなることは、前章でくわしくみてきたように、人口学的確率性の点で絶滅可能性を高めるばかりでなく、遺伝学的にも絶滅の危険性を高めることにつながる。では、集団が遺伝的な面におけるダメージなしに存続しうるには、最低どのくらいの個体数が必要なのであろうか。

その数を「最小存続可能集団サイズ」（MVP；Minimum Viable Population Size）とよぶ。これについて、すべての生物に通用する一般性のある基準を決めることが、そもそも可能なことかどうかという問題はあるが、経験および理論的推測から、第一近似的に「五〇／五〇〇則」とよばれる指針が提案されている。すなわち、著しい近交弱勢のために短期的有害性が顕在化するのを避けるには、一般に有効集団サイズ（*Ne*）は五〇個体以上であることが必要であり、一方、遺伝的変異性が減少して進化可能性が消失することを避けるには、*Ne*が五〇〇個体以上であることが必要だとされる。注意を要するのは、有効集団サイズは実集団サイズよりずっと少ないということである。先にみたように、平均的には、前者は後者の約一割であるから、「五〇／五〇〇則」を実現する個体数は、それぞれその一〇倍ということになる。すなわち、短期的存続のみを考えた場合には五〇〇個体以上の、長期的な存続をも考慮した場合には五〇〇〇個体以上の維持が求められることになる。

もちろん、「五〇／五〇〇則」というのは、あくまでも第一近似的なものである。集団構造や遺伝的な組成、あるいは近交弱勢の強度などは、種によってずいぶんと異なる。したがって、実際に保全を考える際の指針としては、当該生物の特徴をよく知ったうえで、それにもとづいたものとする工夫が求められる。

集団の分節化への対応

多くの場合、野生生物の生息場所は人間活動によって減少し、また分断化されてきている。この生息場所の分断化によって、集団の分節化・孤立化が起こる。こうして、もとは大集団であったものが、多くの小さな分集団になり、孤立化する。この事態がもたらす影響は、条件によって異なってくる。そうした条件には、分集団の数やサイズ、それらの地理的分布パターン、分集団間の距離と当該生物の個体の移動・分散力、分節化が起こってからの時間などがある。しかし、いずれの場合でも、分集団の孤立性が高くなった場合、どういう結果になるかは明白である。個々の分集団で近交が進み、遺伝的多様性が減少し、また人口学的確率性の影響も働いて、個々の分集団がしだいに絶滅し、最後にはすべてが絶滅するということである。

この過程を防ぐには、分集団間の遺伝子流動を保障することが必要である。そのためには、分断された生息場所間をかつてのようにつなぐためのコリドー(生態学的回廊)を確保することも一案である。陸上生物の場合、それは「緑の回廊」となるし、水生生物の場合は、それは「水の回廊」ということになる。このようなコリドーの重要性については、すでに第2部でくわしく述べたところである。

集団の分節化が起こっている場合、その詳細をみると、すべての分集団が同じように小さかったり、同程度に孤立していたりするわけではないことが多い。実際には、図12・2に模式化したように、複雑な構造を有しているはずである。とくに小さな生息場所の集団(サテライト個体群)は、そこで長

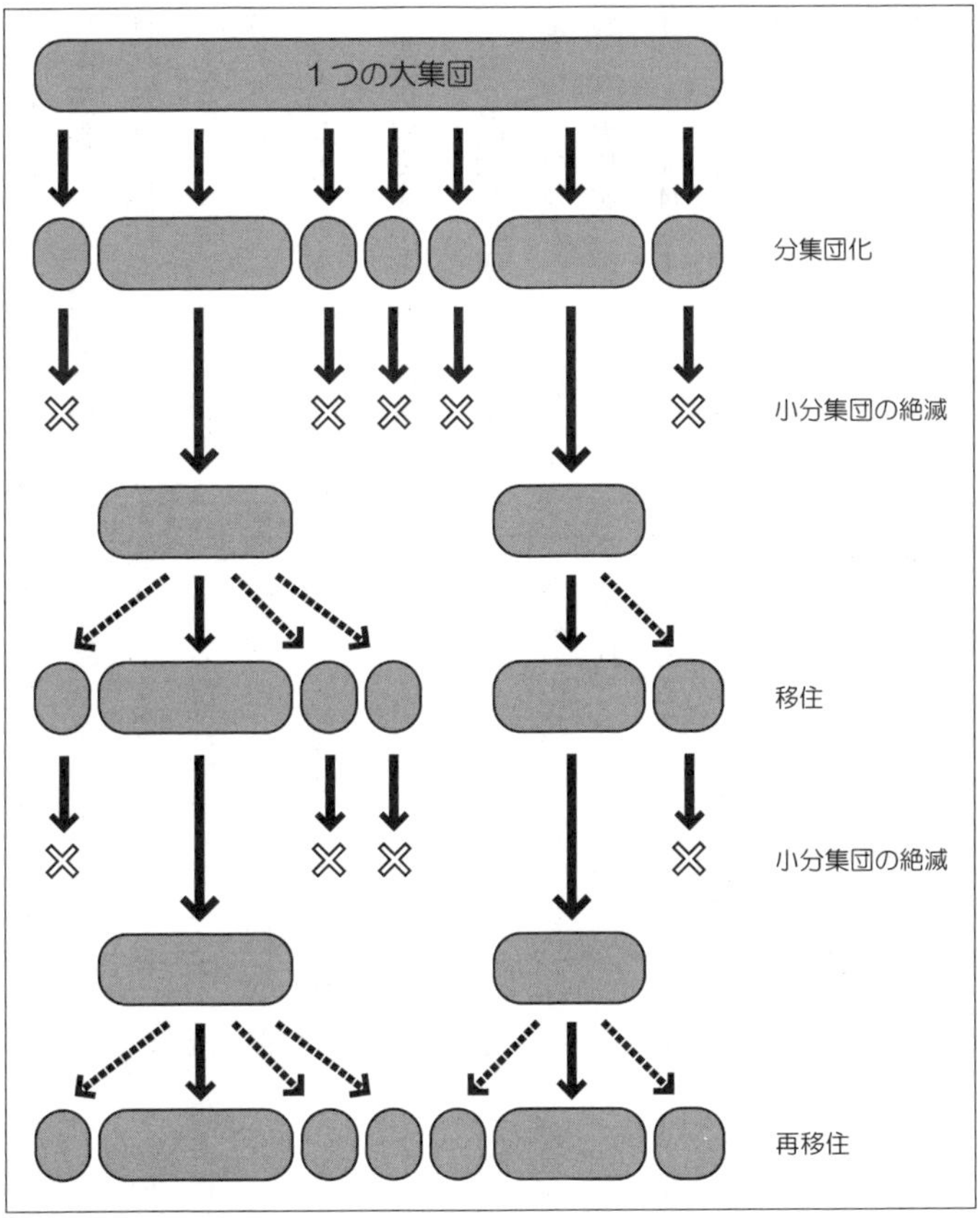

図 **12. 2** メタ個体群

く持続的に存続することはできず、近隣のより大きな集団（コア個体群）を個体（ひいては遺伝子）の供給源として、何度も絶滅と再移住を繰り返しているということがありうる。このような分集団全体を「メタ個体群」とよぶ。メタ個体群の有効集団サイズは、必然的にずいぶん小さなものとなる。したがって、このような構造をもっている種の保全を考える際には、見た目の分布の広さや個体数に惑わされることは危険である。集団の構造をしっかりと把握し、保全上とくに重要な供給源となっている分集団を明確にして、それをしっかりと保全する必要がある。

遺伝的劣化が著しい場合

もし保全を必要とする集団の個体数の減少が著しく、近交弱勢などの遺伝的劣化の兆候があり、生息環境の整備だけでは限界があると思われる場合には、遺伝的劣化を改善するためになんらかの遺伝的対応が必要とされる事態もあるかもしれない。そうした対応の一つとして、遺伝的に分化した別の集団から個体を導入することが提案されることがある。ただし、提供側の集団もＥＳＵである場合、この方策はＥＳＵの多様性を失わせるというマイナス面がある。この点だけ考えても、別集団からの個体の導入は、慎重に実施すべきであるといえるだろう。

また、導入を行う場合、そこで期待する近交弱勢からの回復の可能性と、異系交配弱勢の危険とを天秤にかけることになる。異系交配弱勢とは、異なった集団の個体間での交配が、生存力や繁殖力の劣った子孫をもたらす現象である。移動性の乏しい植物では、局地的な生息場所に遺伝的に適応した生態型（エコタイプ）が存在することが多く、それらの間での交配が異系交配弱勢をもたらす例もいろいろ知られている。動物にも実例がある。たとえば、北アメリカ大陸西岸に分布する甲殻類の「シオダマリミジンコ」の仲間は、それぞれ別の潮だまり（タイドプール）に分集団をつくって生息するが、遺伝的に分化した集団間の交配は弱勢をもたらすことが報告されている。

それぞれの集団が、異なった地域環境条件に適応した複数の遺伝子座からなるシステムをもっている場合、交雑第一世代は両セットをもつことになる。この場合、交雑は、交雑第一世代に両集団の中間的な性質をもたらすことになることが多いが、その適応力は中途半端に終わることがありうる。また、中間的であっても問題はない場合でも、交雑第二世代をつくるときの減数分裂時に起こる遺伝子の組み換えによって、共適応した遺伝子座システムの再編成が起こることにより、適応度が下がってしまう可能性が高い。

もちろん、異系交配の結果、適応度が上がる例（異系交配強勢、ヘテローシス）も多数知られている。しかし、後代になるとその効果よりも、共適応した遺伝子座のネットワーク崩壊の負の効果が勝ることも少なくない。別集団からの個体の導入を実施しようとする場合には、いずれの結果がもたらされるのか、前もって予備的な検討がなされることが望ましい。また、導入を実施せざるをえないという判断がなされた場合、コンピュータシミュレーションなどによって導入の結果を推定するとともに、継続的な遺伝的モニタリングを行って、実際の推移を追うことが必要だろう。

本書ですでに述べてきた「順応的管理」手法の活用が、ここでも不可欠である。どのような遺伝的組成をもった個体を、どのくらいの数、どのような頻度で導入するのか、また、それをいつ始め、いつ、どのような状態になったら終えるのか——これらの問いに答えることのできる見通しと計画を立て、事業を管理することが大切である。

飼育集団

人間の管理下でしか存続しえない状態になっている生物は、ひとまず飼育集団として維持することが絶滅回避の条件となる。また、絶滅に瀕している自然集団への個体の追加を目的とした飼育もありうる。飼育集団の遺伝的管理に関する事項も、保全遺伝学の重要な課題である。

飼育集団における問題の第一は、もとになる個体数が通常あまり多くないということである。このため、早くから近交が進み、遺伝的多様性が低下する。飼育環境下で集団を維持しなくてはならない場合、とりあえずの目標は、百年の間、遺伝的変異の九〇パーセントを維持すること、というところにおかれることが多い。これを目標にした場合に維持し続ける必要がある個体数は、その生物の世代時間によって異なってくる。世代時間が一〇年の生きものだと*Ne*は約五〇個体以上（実個体数では約五〇〇個体以上）が必要なのに対し、世代時間が半年程度の生物だと、*Ne*は一〇〇〇個体（実個体数では一万個体）のレベルが必要となる。百年にわたって遺伝的変異の九〇パーセントを維持するという目標を実現することはそれほど容易なことではないのだ。

飼育集団の維持には、通常たいへんなコストと労力が必要となる。そうしたなかで、*Ne*／*N*比を上げることが、遺伝的対策として有効である。そのためには、できるだけ多くの個体ができるだけ均等に繁殖に関与するようにすることや、さまざまな個体間の交配を実現することなどが重要である。

生物多様性の消失が危惧されるようになったこの二〇年で、種々の貴重な動物や植物を飼育状態で維持している動物園、水族館、植物園などで、保全への貢献が考慮されるようになってきた。個々の施設で維持できる個体数にはかぎりがあるが、交配を考える際に国内的、国際的な連携を密にすれば、*Ne*を大きくすることが可能である。国際自然保護連合（ＩＵＣＮ）の下では、保全繁殖専門家グループ（ＣＢＳＧ）などが、緊密な国際的連携の推進を目指している。

人工環境への遺伝的適応も、飼育集団が自然集団への再導入や自然集団の再生の素材とされる場合には、大きな問題となる。一例をあげよう。人工授精で世代を継続しているアユ飼育集団は、産卵期が早い時期の短い期間に集中するようになる。この理由はつぎのように推察される。人工授精をして子どもをつくる作業は、産卵期の早いうちに一気になされる。毎年これを繰り返すうちに、意図せずして、早い時期に成熟する個体を人為的に選択していたことになる。その結果、飼育集団全体が早い決まった時期に成熟するという遺伝的性質をもつに至ったと考えられるのである。このように、飼育下において遺伝的多様性が大きく減少したり、遺伝子頻度が偏るようなことになっていないかどうかなどの点への配慮が重要である。

また、飼育集団の個体を自然集団へ追加する場合には、追加される自然集団は、飼育集団が得られたＥＳＵと同じであり、別のＥＳＵでないかどうかについても、十分な注意が払われるべきである。

集団の再生

自然集団は消滅したが、その一部が人工環境下で維持されているとする。生息場所の環境条件の回復が進んだ場合、それを自然環境下に再生しようという事業が立ち上がることもあるだろう。しかし、そのような試みの成功率は、これまでのところあまり高いとはいえない。ある集計では、哺乳類と鳥類においてこれまでに実施された再生計画の成功率は、七〇パーセントに満たない。また、生息地が破壊されたために、別の地域へ生物が移植されることがあるが、その定着率は五〇パーセント程度だという。別の集計では、成功率はもっと低いという数値も示されている。いずれにしても、一度自然状態で消滅したものを確実に再生するというのは、容易なことではないことがうかがえる。

本章で前にふれたリュウキュウアユの事例を述べよう。本亜種は奄美大島と沖縄島に生息していた。ところが沖縄島の集団は、一九七〇年代の後半に絶滅した。一九七〇年代の後半というのは、ちょうど一九七二年に沖縄の施政権がアメリカ合衆国から日本に返還され、沖縄の「開発」が一気に進んだ時期である。山林の農地としての開発、道路や河川の工事、河川および沿岸海域の水質汚濁などが急激に進んだ（図12・3）。私たち自身が、一九七〇年代末から一九八〇年代末にかけて、慎重に調査したが、一九七八年以来、リュウキュウアユの姿はまったくみられなくなり、絶滅が確実となった。何十万個体のレベルで存在したと考えられる集団が、一〇年ばかりの間に完全に絶滅するということが、目の前で起こったのである。

図 **12. 3** 流域開発が生物に与える影響

地元では、いなくなったリュウキュウアユをなんとか取り戻したいという期待をもって、自ら川をきれいにする運動などを展開していたが、いつまでたってもその姿が戻ってこない。それもそのはず、全沖縄島から消滅したのであるから、もはやいくら川をきれいにする努力をしたところで、いかんともしがたかったのである。そこで地元の住民と大学の研究者、そして国や県の関連機関が連携して、再生事業が進められることになった。再生するなら、同じリュウキュウアユである奄美大島の集団からの導入を計画すべきであるという認識を共有するところから、それは始まった。関連分野の専門家をよんでのフォーラムや相談会が何度ももたれて計画が練られた。

同じ亜種であるとはいえ、奄美大島の集団はもともと沖縄島にいた集団と遺伝的に同じである保証はない。したがって、集団再生といっても、もとの集団の完全な復元ではない。しかし、リュウキュウアユは、河川生態系の重要な一員であったし、沖縄島北部地域であるヤンバル（山原）では人々に馴染みの深い生きものであった。これを失ったままであるよりも、ほかの島のものではあれ同じ亜種に属し、その意味では同じESUとみなすことのできる集団からの移入により再生するという事業には、総合的にみたときに十分に価値があるであろうとの判断がなされた。生態的および遺伝的モニタリングを行い、経過についての記録をしっかり残していくことの重要性も確認された。民・学・官が協力して「リュウキュウアユを蘇生させる会」が組織され、この事業を進めていく体制もできた。

こうして一九九〇年代の初めに、奄美大島の集団をもとに、一度、人工環境下で世代を交代させたリュウキュウアユが、沖縄島北部に移植された。移されたのが人工環境下で世代を交代させたものであったということは、遺伝的多様性の面からはデメリットともいえるが、他方、寄生生物を含むほかの生物の混入を防ぐという生態面での大きなメリットも有している。それから十年余。リュウキュウアユはダム湖には定着したが、自然河川での本格的な再生産が繰り返されているという証拠はまだつかめていない。確実に再生したといえるようになるまでには、まだまだ多くの課題が残されている。

今後の課題として大きいのは、まずはやはり生息環境の改善の問題であろう。河川については、リュウキュウアユの再生ということもきっかけになり、川の流れを区切るようにつくられていた堰堤や砂防ダムを取り除いたり、魚道をつくったりという施策が徐々になされ始めた。それにより、魚にとっての環境改善はある程度、進んだといえる。ただし、河川から明瞭な瀬と淵の構造が失われていることなど問題はまだ残っている。

一方、リュウキュウアユの仔魚が数カ月を過ごす沿岸海域の環境については、まだ解明しなければならない点を含め、さらに多くの問題がありそうである。「リュウキュウアユを蘇生させる会」は、最近の沖縄島の河川・沿岸海域の自然再生にかかわる動きのなかで、カギとなる役割を担っている。こうした動きのなかで、より広い視野から、沿岸海域の環境改善に向けた取り組みが進められることを望みたい。

遺伝学的な側面でも検討課題が残っている。保全遺伝学では一般に、確保していた集団を自然環境下に再生しようとする際には、手もとにある遺伝的多様性のすべてを用いるべきであるとされる。集団の短期的、さらには長期的な存続にとって、遺伝的多様性がいかに重要であるかを考えると、それは当然といえるだろう。

沖縄島に移植されたのは、奄美大島の東岸に注ぐ河川の集団の子孫である。ところで、奄美大島の西岸には、この東岸の集団とはやや遺伝的に異なった別の集団が存在する。これらの両集団が交雑した場合、強勢が起こるのか、弱勢が起こるのかは現在不明である。これを確認したうえで、もし強勢が起こるのであれば、奄美大島におけるリュウキュウアユの遺伝的多様性の全体をできるだけ再生集団に反映させるという方策が、慎重に検討されてもよいかもしれない。

3　保全遺伝学の展望

個体群存続可能性分析と遺伝的要因

本章では、保全遺伝学の中心的課題について述べてきた。ここではつぎに、この分野の展望を考えるために、今後ますます重要になるであろう「個体群存続可能性分析」を取り上げて、保全生物学のなかでの保全遺伝学について考えてみよう。

「個体群存続可能性分析」（PVA；Population Viability Analysis）とは、種々の条件のもとでの集団や種の絶滅のリスクを、コンピュータシミュレーションによって定量的に推定・評価しようとするものである。通常、この目的に沿って開発されたプログラムを用いて、コンピュータ上で五百回、千回と繰り返し計算を行うことによって推定がなされる。

そうしたプログラムの基礎にはいろいろなモデルが存在するが、それらは基本的には、決定論的要因（生息場所の減少や汚染、乱獲、近交弱勢など）と確率論要因（人口学的確率性、環境変化の偶然性、遺伝学的偶然性など）を組み込み、設定した時間範囲内での絶滅確率を推定しようとするものである。保全方策をできるだけ客観的に策定するために、たいへん有用な手法である。

ＰＶＡは、与えられた条件下での絶滅可能性を推定する。条件を変えて推定を行うことにより、種や集団の保全や再生のための種々の選択肢について、その適否を比較検討するための手段となる。たとえば、生息環境の整備、採取の禁止、捕食者の除去など、選択肢の効果を比較するわけである。このようにＰＶＡの眼目は、その推定結果というよりはむしろ、絶滅の危険性のある種や集団の保全や再生の方策を考え、多くのオプションのなかから最適と思えるものを選ぶ手助けになるというところにある。

より現実を反映したＰＶＡを行うには、当該生物の生活史などに関する生態学的情報が豊富にあることが必要だが、そのような条件を満たす生物はまだ少ないのが現状である。それよりも重要な問題は、遺伝的要因を取り込んでいないＰＶＡがまだまだ多いことである。遺伝的要因を無視することは、絶滅確率を過小評価することにつながるからである。すでに述べたように、種や集団の保全や再生には、遺伝的要素が大きな影響を有していることは明らかである。ＰＶＡには、ぜひ遺伝的要素が組み込まれる必要がある。保全生物学にとって、保全遺伝学は欠くことができない要素であるということができる。

DNA手法の多様な貢献

このように保全遺伝学への期待は高まっているが、遺伝学的知見のある生物は、生態学的情報が入手可能な生物以上に少ないというのが現況である。したがって、保全遺伝学的な研究のいっそうの充実が求められる。近年、DNAを巡る研究はとどまるところを知らない勢いで発展し続けており、保全遺伝学の効果的な推進や、保全生態学との統合的発展の可能性に期待をもたせてくれる。新しいDNA研究は、保全遺伝学にどのような可能性を拓いているのだろうか。いくつかの側面について述べてみよう。

前にも述べたPCR法の確立によって、微量試料からのDNA分析が容易に行えるようになったことの威力は絶大である。近縁生物とあわせてDNA分析がなされれば、個々の種やESUを特徴づけるDNAマーカーが得られる。とくに外見では識別のむずかしい分類群における種判別へのこうしたDNAマーカーの貢献は、著しいものがある。

DNAマーカーの検出にはわずかの試料があればよいので、体の一部からでも種判別ができる。このことは、絶滅危惧生物の不法採取や不法取引などへの大きな抑止力となる。微量試料があれば十分なので、病原生物への感染の有無を検査したり、さらには、野生状態での消化管内容物をDNA分析することによって食性を調べたり、ということにも有用である。保全対象生物の近縁種との交雑による遺伝的攪乱の検出やモニタリングにも、威力を発揮する。

マイクロサテライトなど個体レベルで異なるDNA領域を分析対象にすれば、親子関係の判別なども容易となり、飼育環境下での交配を管理するうえで有用な情報が得られる。明確な性染色体が存在する哺乳類や鳥類では、それに乗っているマーカー遺伝子を手がかりに、外見では識別不可能な未成熟個体の性別を判定することもできる。早くから性判別が可能であるということは、飼育集団で早いうちから性比を一対一に近づけて飼育することができるということである。それにより、Ne/N比を高くすることが可能となる。

DNAマーカーは繁殖様式の判定にも役立つ。植物では自殖と他殖の両方が起こることが多い。また、同じ種群内に、有性生殖をするものと、無性生殖するものがいたりもする。親のDNAと子のそれを分析することで、自殖と他殖の割合を調べたり、クローンであるかどうかを確認したりすることもできる。

保全に必要なESUを判定するためには、対象生物の遺伝的集団構造の解明が求められる。分集団間の遺伝子流動の程度などについても情報が必要である。これらの要請に応えるためにも、ますます強力になるDNA分析手法が役立つ。個々の対立遺伝子の有無や頻度のデータが有用な情報を提供する。さらに、集団に保有されている遺伝子をくわしく調べることで、より多くの情報が得られる。たとえば、対立遺伝子の塩基配列の差異を調べることを通じて、過去の集団サイズが変動した歴史なども、ある程度は推測することができる。

系統解析へのDNA分析の活用でも、幅広い展開が進んでいる。多数の分類群から大量のDNA塩基配列データを得ることができるようになってきたが、これに歩調をあわせるようにコンピュータ関連テクノロジーも発展しており、許容できる時間内に大量データセットを解析できるハードとソフトも出現してきた。これにより、大きなデータセットを用いた精度の高い系統解析ができるようになった。網羅的な系統関係の推定は、種やESU識別に不可欠な基礎である。

ところで、DNAデータから得られる遺伝距離で、はたして種の区分ができるのだろうか、という問題が提起されることがある。多くの場合、可能であるといってよさそうだが、種を「生物学的種概念」にもとづいてとらえるのであれば必ずしも容易とはいえない。相互交配をしないような生殖隔離機構が成立している場合、それらを別種とみなすとすると、その成立が最近のことであれば、遺伝的分化はまだほとんど生じていないこともありうるからである。したがって、有性生殖生物においては、遺伝距離はたいへん有用ではあっても、それを種区分の基準として一般化することはむずかしい。

しかし、無性生殖生物では、遺伝的によく似たクローン群を便宜的に種としているので、遺伝距離を種区分の指標にできる。微生物分類学の分野では、DNA手法の確立以後、分類方法は16Sリボソーム RNA遺伝子の塩基配列のちがいの程度を基礎にすえたものに根本的に変更された。DNA分析が導入されることによって、培養できないために、従来その存在自体が知られていなかった多くの微生物に、初めて科学の光があてられるようになったのである。

ますます強力になるＤＮＡ手法と保全遺伝学の展望

保全遺伝学のさらなる発展への展望を与えてくれるＤＮＡ関連分野の発展は、これまでに述べたところにとどまらない。たとえば、生命科学や医学の分野では、ＤＮＡマイクロアレイやＤＮＡチップとよばれる技法が、遺伝子発現の研究や病気にかかわる遺伝子の特定などを目的に幅広く用いられるようになっている。これをうまく工夫することができれば、形態では識別しにくい生物や試料について、膨大な候補のなかから迅速かつ容易に種判定を行うツールを確立できる可能性がある。

今世紀に入って、ヒトをはじめとするいくつかの生物のゲノム解析プロジェクトが完結し始めたことも、非常に心強いことである。まだごく少数のモデル生物にかぎられてはいるが、それらの種のほぼすべての遺伝子（まだ機能がわかっておらず、したがって名前もつけられていない遺伝子も多い）の、ゲノム上の位置が明らかにされたことの意義は、はかりしれないものがある。保全において問題となる生物種の遺伝学的研究のためにも有用なさまざまな情報がそこから得られる。

今では多数の遺伝子の働きを網羅的に解析することが可能になっているが、そこで解析された遺伝子に関する諸情報は、ゲノムデータベースを参照することによってより明確になる。保全生物学にとって重要なモデルとなるような生物についてのゲノム解析が、エコゲノムプロジェクトとして進めば、これらの条件を活かすことによって大きな展望が開ける。保全遺伝学にとって重要であるにもかかわらず、まだ十分解明できていなかった諸問題への挑戦が強力に推進できると考えられる。たとえば、近交弱勢や異系交配弱勢が生じるメカニズム、適応にかかわる遺伝子、人為の遺伝的影響の実態、などの解明である。

適応に重要な影響をおよぼす形質の多くは、前にも述べたように、量的形質であることが多い。つまりその形質に関与する遺伝子座の数が多い。そのなかからとくに重要な遺伝子座を探しだすには、その形質と連鎖関係を有するＤＮＡマーカーを、交配実験を通じて見出し、そのマーカーを手がかりにゲノム上に遺伝子を追いつめていくという地道な作業を行うのが、オーソドックスな道である。大量のＤＮＡマーカーの利用が可能になったので、野生生物についてもこうした研究を進める条件はできてきたとはいえる。もちろん膨大な時間と労力を要する仕事ではあるが、保全のためだけでなく、生物の個体群動態や進化を深く理解するためにも、必要な研究の方向性である。

そこで、もう一つ別の研究の道を拓いてくれるのが、網羅的な遺伝子発現比較と近縁モデル生物のゲノムデータセットの参照である。まず形質の存在と発現との間に相関関係のある遺伝子座を洗いだし、そのなかから因果関係を有している可能性のある遺伝子座を絞り込む。そして可能ならば、それを実験的に操作してみて、確かに原因遺伝子であるかどうかを確認する。こうした研究が進めば、近交弱勢や異系交配弱勢、あるいは人為的な悪影響の発現を予測し、避ける方途を考えるための確かな基礎ができると期待される。

自然集団の状態を的確に判断するには、中立マーカーだけでなく、適応関連遺伝子についての進化集団遺伝学的研究を推進することが求められる。それはエコゲノムプロジェクトが目指すべき研究の一つの方向性でもある。ここで述べたような研究は、こうした展開にもつながる。人間活動が野生生物に与える遺伝的影響として、私たちは、近交度の上昇や遺伝的多様性の減少については、これを把握する手段を有していたが、適応にかかわる遺伝子の組成の変化については、それを知る手立てをほとんどもっていなかった。したがって、解明すべき課題としての認識も十分ではなかったといえる。

しかし、人類の力は今や強大で、おそらくほとんどすべての生物に大きな遺伝的影響を与えつつあることはまちがいない。私たちはそれを、ようやく科学的に明らかにできる時代の入口に立っている。新しい生命科学の発展を活かして、保全に関する遺伝学がさらに強力に推進され、保全生態学とともに総合的な保全科学へと統合されることで、生物進化の可能性と方向を大きく変えた人間活動のインパクトを減じ、生物の進化可能性の保全と回復への取り組みが強化されることを望みたい。

第5部　生態系の保全と再生に向けて

第13章——生物多様性の保全

始まった生物多様性保全への取り組み

日本では、二〇〇二年に、生物多様性国家戦略が見直され、「新・生物多様性国家戦略」が閣議決定された。二一世紀に入って、日本の生物多様性保全にかかわる政策にはめざましい進展が認められる。しかし、こうした政策が実際の生物多様性保全に有効に活かされ、確実に効果をもたらすためには、科学的な面から検討すべき課題も少なくない。

政策の策定や実行に科学がいかに関与すべきかを明らかにするには、この分野において、数多くの先駆的な政策を実践しつつあるアメリカ合衆国との比較が有効である。本章では、生物多様性保全にかかわる政策を、おもに科学との相互作用の観点から、日米間で比較してみたい。それにより、日本の生物多様性保全に関する政策の欠点や弱点を浮き彫りにすることができ、改善すべき方向を示唆することができると思われるからだ。

生物多様性保全に関する主要な課題は三つある。それは、「絶滅危惧種の保全」「外来種対策」「遺伝子組み換え生物の安全性」である。このうち、遺伝子組み換え生物の安全性については、遺伝子組み換え生物の利用そのものの歴史が浅く、生物多様性への影響に関する生態学的な研究も始まったばかりである。

生物多様性条約では、二〇〇〇年に、バイオセーフティーに関する方策を定めたカルタヘナ議定書を策定した。この議定書では、遺伝子組み換え生物の環境への放出による生物多様性への影響への配慮、輸出入に関して必要な措置が義務づけられている。日本も、このカルタヘナ議定書を批准し、それにもとづく国内法が二〇〇四年から施行され、予防的な取り組みが始まっている。しかし、取り組みの有効性に対する科学的な評価は、これからの知見の蓄積に待つしかない。

そこで本章では、すでに深刻な問題となり、生態学的な研究も進められている「絶滅危惧種の保全」および「外来種対策」の分野にかぎって、政策の問題点と改善方向を検討したい。

アメリカ合衆国の生物多様性保全

なぜアメリカ合衆国において、自然保護や生物多様性保全に資する政策が、早くから発展したのであろうか。

その背景として、植民・建国以来の征服型の開発戦略にもとづく激しい自然資源の収奪および大規模な農地開発が、極度な生態系の不健全化をもたらしたことがあげられる。そのような生態系の不健全化を憂えた人々が自然保護に高い関心を寄せ、結果として、市民参加の自然保護・生物多様性保全運動が活発に展開されてきた。

また、近年では、生物学者が、自国のみならず地球規模での生態系や生物多様性の衰退を憂慮し、積極的に政策策定に関与していることも、生物多様性保全政策推進の大きな原動力となっている。生物多様性保全に関する政策とその実践への科学的な助言に関して、アメリカ合衆国の生物学者は、世界をリードしているといえる。一九九〇年代には、そうした政策への関与をも含めて、意識的にその役割を担おうとする「保全生物学」「保全生態学」といった新たな分野が生まれ、その後めざましい勢いで発展することになった。

しかし、一方で、アメリカ合衆国は、すでに約一九〇カ国が加盟している生物多様性条約を批准していない。その理由は、生物多様性がバイオテクノロジーのための遺伝子資源としても重視されているためである。とくに熱帯林などを有する開発途上国に賦存する遺伝子資源の経済的価値を強く意識するバイオ関連産業界の思惑が、一方で世界の生物多様性保全をリードしながら、他方で生物多様性条約を批准しないという、アメリカ合衆国の政策矛盾に絡んでいる。

1 絶滅危惧種の保全・回復

かつては普通にみられた絶滅危惧種

アメリカ合衆国は、日本の二五倍以上の広大な国土面積を有し、ハワイ州やアラスカ州を含めて、きわめて多様な生態系を擁している。そこには、二〇万種を超える生物種が確認されている。ところが、生物多様性の危機は、日本よりもさらに深刻な状況に陥っている。すでに、アメリカ合衆国内で生息・生育する野生生物の約三分の一が絶滅を危惧され、五百種以上がすでに絶滅したと考えられているのである。それが、植民・建国以来の開拓の歴史がもたらした結果であることはいうまでもない。広大な国土全域におよぶ開拓は、入植が始まった一七世紀初頭から二〇世紀初頭までのわずか三百年間の短期間にほぼ成し遂げられた。広大な農地と植林地を造成するために、すさまじい土地改変と自然資源の収奪的利用が繰り広げられた。その結果、生態系の存立基盤とその持続可能性が大きく揺らぐこととなった。

アメリカ合衆国では、開拓が始まってから生態系の不健全化が急速に進行した。リョコウバトの絶滅はそれを象徴するできごとである。かつてリョコウバトは、北アメリカの鳥類のなかで、もっとも個体数の多い種であった。しかし、大開発による繁殖地の破壊と乱獲の影響を受けて、百年ほどの間に個体数を激減させ、二〇世紀初頭にはついに絶滅に至った。

日本では、比較的最近まで豊かな生物相が維持されてきた。日本では、古来より近年に至るまで、ヒトは多様な生物と生活場所を共有してきた。数千年にわたって、日本の人々は、山がちな国土にあって、かぎられた平野部を中心に高密に暮らしながらも、自然を比較的よく保全し、豊かな生物相を継承してきた。

ところが、そのようにして維持されてきた「普通種」の多くが、今では絶滅危惧種になっている。日本でも、ここ数十年は、アメリカ合衆国と同様の「征服型」の開発戦略がとられるようになった。その結果、身近な種に絶滅の危機が迫ったともいえる。絶滅危惧種をリストアップしたレッドリストには、現在、二〇五〇種以上の絶滅危惧種が掲載されている。すなわち、日本の国内で生息・生育する野生生物の約四分の一は、絶滅あるいはそのおそれがあると判定されていることになる。

これらの絶滅危惧種をいかに危機から救うかは、生物多様性保全の最重要課題である。しかし、日本では、このような絶滅の危機に陥った生物種に関心をもつ研究者は、これまで必ずしも多くはなかった。最近になり、ようやく生物多様性の保全や再生に本格的に取り組む研究者が若手を中心に増え始めている。

アメリカ合衆国の絶滅危惧種への取り組み

つぎに、アメリカ合衆国の絶滅危惧種に対する取り組みについてみてみることにしよう。アメリカ合衆国では、一九七三年に「絶滅の危機に瀕した種に関する法」(ESA; Endangered Species Act)が成立した。ESAを根拠とする保護対象種は、一二六〇種にのぼる(二〇〇四年二月現在)。保護対象種には、多様な分類群の種が含まれ、貝類、クモ類、地衣類などの種も指定されている。指定種に対しては、積極的な回復計画の策定と、生息・生育地の保全が義務づけられる。すでに一〇一九種の回復計画が策定されている(二〇〇四年二月時点)。また、五三九地区一五〇〇万ヘクタールで生息・生育地の保全が図られている。そのほかの種の回復計画も、これから漸次策定される予定であるという。

こうした回復計画が保全に十分に有効であるかどうかは、生態学者らで構成されるレビューチームによって科学的に評価され、有効でないと考えられる場合には改善方策が示される。このような、回復計画や保全措置がもたらす科学的な課題は、生態学や関連分野の研究者に刺激と研究の機会を与え、絶滅とかかわる個体群動態や遺伝的動態の理論的な発展にも貢献している。

また、絶滅危惧種への取り組みにおける研究者と市民の協働も重要な役割を果たしている。アメリカ合衆国では、すでに一九三〇年代から、生態学研究者が、生態系の不健全化や地域からの種の絶滅に強い危機意識を抱き、市民とともに、保護のみならず回復・再生のための活動を開始していた。科学と市民社会の間の活発でダイナミックな相互作用が、絶滅危惧種の保護や回復計画の有効性を保障しているともいえる。

研究者と市民の協働の場ともなる市民団体(NGO)は、会員数が日本の類似の団体に比べて二桁も多く、その資金力も格段に豊かである。それら市民団体は政府との間の人材の交流も活発に行う一方で、森林や河川などの自然資源管理を巡って、行政を相手取っての訴訟も積極的に行う。ＥＳＡのもつ強い効力は、市民団体に支えられた研究者と市民の保全活動や活発なロビー活動の賜であるともいえる。

日本の絶滅危惧種に対する取り組み

一方、日本でもＥＳＡと同様、野生生物の種多様性の保全を目的とする「絶滅のおそれのある野生動植物の種の保存に関する法律（種の保存法）」が制定されている。しかし、現状ではその実効性は、ＥＳＡにはるかに劣るといわざるをえない。それは、日本の法律が、絶滅危惧種に関する過去の十分な実践の蓄積なしに制定されたことによる。

日本では、「種の保存法」が制定される以前には、野生生物の保護にかかわる法律は、鳥類と哺乳類の一部が対象とされる「鳥獣保護法」しかなかった。種の保存法は、一九九二年にワシントン条約第八回締約国会議が京都で開催され、また、同年に生物多様性条約が採択されたことから、急遽制定されたものである。

施行後十年あまり経過した二〇〇五年六月の時点で、日本の種の保存法で指定されている希少野生動植物種は八〇種に満たない。しかも、その約八割が、鳥類および種子植物である。ＥＳＡにおける指定種の数と比較すると、指定数そのものが桁ちがいに少なく、分類群にも偏りが著しいことは明白である。

国内希少種として指定された野生動植物についても、その保護に関しては、個体の「捕獲や採取、殺傷または破損」および「譲渡、譲受、引渡し、引取り」などが禁止されるだけである。この法律を根拠とする保護区の面積もいまだわずかなものでしかない。保護区以外では、生息・生育地の保全義務をともなわない。したがって、この法律には、生息・生育地における開発事業など、希少種の存続を脅かす開発行為を規制する力はない。さらにこの法律では、保全・回復計画は義務づけられていない。現在、保護増殖事業計画があるのはわずか三十数種ほどにすぎない。

分布がかぎられ、捕獲や過剰採集が絶滅のおそれを高める主要因となっている一部の絶滅危惧種の保全には、この法律にもとづく国内希少野生動植物種への指定は有効である。しかし、国内の二千種以上の絶滅危惧種がおかれている深刻な状況を改善するのに、この法律が十分に役立っているとはいいがたい現状である。

また、日本で実施されている保護増殖事業も科学的な観点からみて必ずしも十分なものとはいいがたい。こうした事業に研究者がかかわり、また、それによって保全の効果が上がっているとしても、それが科学の世界にも還元され、新たな研究の発展への契機をなすようなケースがあまりみられないのである。また、そのような事業とのかかわりで学界にインパクトを与えるような研究論文が学術誌に発表されることも少ない。

残念ながら日本では、保護増殖事業と科学的研究は、どちらかといえば異なる次元の活動となっている。今後、日本における絶滅危惧種の保全に関する科学と、保護増殖事業を含む広範な市民の活動が相互に連携を結び、ＥＳＡの適応においてみられるような緊密な関係を構築すべく、積極的な進展が望まれる。

現状のモニタリングと回復計画

第3部でアサザやカワラノギクを取り上げて説明したように、絶滅危惧種の保全には、継続的なモニタリングを行い、問題が深刻化した場合に時機を逃さず緊急対策を実施することが必須である。環境省のレッドリスト掲載種をみても、その多くは、生態的な現状が十分には把握されているとはいえない。すべての種について、客観的で科学的な現状のモニタリングを実施し、回復計画を策定する必要がある。

モニタリング、回復計画の策定、計画の順応的な実施などは、仮説検証サイクルによって進められる科学的な研究として取り組む必要があり、それとかかわる研究はもとより、計画や報告などの文書についても、科学的なピアレビューを受けたうえで広く公表するようにすべきであろう。絶滅危惧種の保全は科学にもとづき社会から支持される実践として、科学性と透明性の両方を高めるための仕組みが保障される必要がある。

一方、研究者は、そのような具体的な課題に取り組むことを科学の発展の契機として活かす努力をすることが必要であろう。科学と実践の適切な相互作用を確立できるかどうかが、絶滅危惧種の保全が成功するか否かのカギを握っているといえるからである。

2 外来種対策

アメリカ合衆国の法律と日本の外来種新法

アメリカ合衆国には、すでに外来生物の対策に資する多くの法律や仕組みがあり、対策実施の歴史も長い。野生生物の移動規制に関する最初の法律は、一九〇〇年に制定されたレイシー法である。この法律は、狩猟鳥獣の乱獲に対処するため、野生動物の交易を規制する目的で制定された。その後、何度も改正を重ね、連邦・州・部族の法令で指定された野生生物の、国際貿易、州間取引、移動、売買の禁止を定めるようになった。一九二六年にはブラックバス法が連邦法として成立し、オオクチバスの州間移動をともなう商業取引が禁じられた。また、そのほかのさまざまな種についても、州法や条例によって移動の規制が決められている。

さらに、一九九二年には、「外来種予防実施法」(Alien Species Prevention Enforcement Act)が制定され、「禁止リストアプローチ」(あらかじめもち込みを禁止する種のリストを作成)によって生態系に悪影響をおよぼす可能性のある特定の種の国外からのもち込みが規制されるようになった。セイヨウオオマルハナバチが日本に導入されようとしていたころ（第9章参照）、アメリカ合衆国ではこのような規制の仕組みにもとづき輸入が禁止されたのである。

アメリカ合衆国でも、これらの法律で定められた交易や輸入の禁止だけでは、外来生物の非意図的な導入を防ぐことができなかった。一九九六年には、バラスト水がもたらす非意図的導入の深刻さが問題になり、「国家外来種法」（National Invasive Species Act）が制定された。この法律では、バラスト水の交換・管理に関する規制を進めるなど、「外来種の導入は生態学的なリスクをともなう」との認識にもとづく「予防的アプローチ」による対策を重視している。

外来種に対するアメリカ合衆国の積極的戦略

これらの法制度が運用されてはきたが、アメリカ合衆国の外来種問題は深刻化の一途をたどるばかりであった。そこで、一九九九年には、外来種問題に対処するための大統領の行政命令が公布された。深刻化する外来種との「戦い」にどう対処するかが、国家の重要課題であるとの認識がなされたのである。

外来種がもたらすコストについて、貨幣価値で評価する試みが問題の重要さを認識させるうえで効を奏した。問題を起こす外来種が定着して影響をおよぼし始めてから、その被害をコントロールするまでのアメリカ政府の出費は、年間一三七〇億ドルにものぼっていた。予防や早期の対策によってこの多大なコストを減じるという経済的な動機が、この問題に対する行政府の積極的な取り組みを促したのである。

二〇〇一年には、大統領命令を受けて「国家侵入種管理計画」(National Invasive Species Management Plan) が策定された。この計画にもとづき、外来種の侵入を予防・早期発見し、迅速な対処・抑制措置を講じ、健全な生態系を管理・回復させるための総合的な施策が、関連省庁の連携によって進められることとなった。

行動計画には、順応的管理にもとづいて有効な管理手法の検討を行うことが定められている。また、侵略的な外来種に対して早期の抑制対策を有効に進めるために、土地所有者やNGOなどの協力を得やすくするための奨励策も定められている。さらに関係各省は、国家侵入種協議会 (NISC; National Invasive Species Council) および専門家委員会 (ISAC; Invasive Species Advisory Committee) を組織し、二年ごとのインターバルで外来種対策を検討している。

研究者の対応

アメリカ合衆国で外来種に対して積極的な政策がとられた背景には、外来種の侵入や影響に関する研究が進んだことに加え、研究者自身が政界でロビー活動をしたことがあげられる。「生物多様性」の普及で重要な役割を果たしたウイルソンなどの研究者代表が、大統領命令の公表に立ち会ったことはそれを象徴する。研究が政策の礎となり、政策が強化されると、さらに外来種研究に大きな弾みがつくといった相乗効果が得られたのである。

実際に、外来種研究は短期間で急速に発展した。大統領令の前後から、外来種の生態学に関する単行本の発行が相次いだ。また、生態学関連の学術誌にも外来種に関連する論文が数多く掲載されるようになった。外来種問題を専門に扱う学術誌"Biological Invasions"（生物学的侵入）の発行も始まった。さらに、外来種に関する研究は、生態学のみならず、進化学会でも主流を占めようとしている。その理由は、外来種が侵略的に振る舞うには、適応進化による変化が重要な役割を果たすからである。

日本の外来種新法

日本には、現在二千種を超える外来種が、すでに定着していると推測されている。それは、絶滅危惧種の数と定着した外来種の数がほぼ同じということを意味する。第9章でその一端を紹介したように、日本でもようやく外来生物が生物多様性におよぼす影響への関心が高まり、それを防止するための法制度の整備が始まろうとしている。すでに不可逆的な変化を生態系にもたらしつつある外来種も少なくないため、有効な制度や取り組みが緊急に求められている。

二〇〇四年には、「特定外来生物による生態系等に係る被害の防止に関する法律（外来種対策法）」が成立した。この法律を、外来種の生物多様性や生態系への影響の防止、軽減、回復を通じた生態系の再生に活かすには、運用の基本的な方針や特定外来種の指定など、科学的な視点を重視して検討すべき課題が多く残されている。

また、日本の外来種新法は、新たな非意図的導入に対する防衛策は盛り込まれていない。今後、不十分な点をどう補うべきかを検討する必要がある。非意図的導入によって、すでに国内に定着し、生態系への影響が科学的な検討により認められている外来種については、禁止リストに掲載し、現場での積極的な対策を推奨すべきことはいうまでもない。

このように、日本の外来種新法も、基本的には「禁止リストアプローチ」をとるものであり、アメリカ合衆国の政策との共通性も高い。禁止リストに、影響が疑われる外来生物を十分予防的に広くリストアップできるかどうかが、外来種対策新法が、今後どれだけ有効に機能するかを決めることになるだろう。

また実践面では、すでに定着して生物多様性や生態系に多大な影響をおよぼしている外来生物を排除するなどの有効な対策を奨励することが重要であろう。そのためには、農林業従事者、市民、NGOなどが積極的に対策に参加できるように、経済的な支援や科学・技術的なアドバイスを行っていく必要がある。

こうした実践にかかわる人材を確保するには、緊急地域雇用創出特別基金事業（公共部門における緊急かつ臨時的な雇用・就業機会の創出を図るための交付金事業）などの活用が考えられる。その場合、雇用の対象職種に、外来種対策における排除作業やモニタリングなどの調査などを含める必要がある。このような実践と一体化した調査に研究職に就く前のポスドク研究者がかかわれば、社会的な視点をもった研究者を養成することにも寄与すると思われる。

3 生物多様性保全のための研究

実り豊かな現場研究のために

アメリカ合衆国では、一九九〇年代から保全生物学・生態学の現場研究がさかんに行われるようになった。保全生物学会が発行する学術誌「保全生物学」は、年間の総ページ数が年々増加している。また、アメリカ生態学会が発行する応用生態学の雑誌にも、実践にかかわる研究や政策提言などが数多く掲載されている。

日本では、絶滅危惧種の保全、外来種の侵入・影響・対策にかかわる研究成果をまとめた学術論文は、現在でもそれほど多くない。政策提言についても、積極的に行われているとはいいがたい。生態学の研究者のなかには、生態学は基礎的な研究成果で社会に貢献すべきであり、政策的な課題に直接かかわるのはレベルの低い研究者のすることであると考えている人も少なくない。また、若い世代の研究者が絶滅危惧種や外来種の問題に関心をもったとしても、自らその研究に専念するかというと、大きな障害があって二の足を踏むのが現状である。

その障害とは、現場では、市民や行政などとのコミュニケーションに多くの時間をとる必要があり、必然的に雑事が多くなって研究に専念できないということである。また、研究者の意のままに実験や調査を計画・設計することはむずかしく、論文で成果を公表する際にピアレビューを突破しうる科学的に堅固な研究計画が保障されにくい。その結果、国際学術誌に公表する論文の数が十分に確保できないおそれがある。

昨今、自然科学全般にわたって、国際学術誌に掲載される論文の数や被引用件数が研究者としての将来を左右する評価において重視されるようになってきた。そのような評価制度のもとでは、若い研究者が社会的ニーズよりは研究者間で「受けのよい」論文の生産を重視する傾向がみられるのは、必然的な帰結であるといえる。その結果、社会的なニーズが大きくとも、国際学術誌に成果を公表しづらい研究テーマには、よほどの「志」をもたないと取り組む覚悟ができない。

数十人からせいぜい数千人程度の専門家にのみ注目されるにすぎない学術論文の執筆だけを偏重する評価でよいのだろうか。こうした問題を克服するには、研究者や研究組織を評価する際に、評価の基準を多元化することが必要であろう。社会的に影響の大きい政策、実践、普及などへの専門家の貢献を、十分に評価する仕組みをつくることが不可欠ではないかと思われる。

評価が多元化し、若手研究者が絶滅危惧種や外来種の生態学や進化学の研究に積極的に関与することになれば、たんに個別の応用的な課題への貢献にとどまらず、生態学やその関連分野の基礎をさらに堅固にすることにつながることはまちがいない。そして、普遍的で斬新な知見や理論の発見と構築の機会を与え、生態系の科学そのものの大発展の契機ともなるだろう。

それは、現実の課題に正面から取り組もうとすると、既存研究では確立していない斬新な知見や理論の必要性が生じるからである。たとえば、絶滅から種を守り、外来種の生態系影響を軽減、防止するには、既存研究では試みられなかった生態学と遺伝学の広い分野を総合する新しい研究の枠組みの構築が必要となる。すでにそのような新たな領域の胎動が始まっている。

二〇〇四年七月に提出された総合科学技術会議の生物・生態系研究開発調査検討ワーキンググループの報告書『必然としての生物多様性』では、野生動植物のエコゲノムプロジェクトを国家プロジェクトとして推進することが提案されている。

エコゲノムプロジェクトは、特定の野生動植物を取り上げて、遺伝子から個体群や生態系までのさまざまな関連性を総合的に研究しようとするものである。こうしたプロジェクトにより、絶滅と進化という生物多様性の理解の本質に迫ると同時に、絶滅危惧種の具体的な保全という実践的課題にも応える成果があげられると期待される。このようなプロジェクトが、多くの若手研究者が結集して遂行されれば、科学的な成果はもとより、科学の基礎を固めながら社会との積極的なかかわりが生まれる。このような研究スタイルは、現象解明と問題解決を同時追究することが必要な地球環境時代にふさわしいものといえるのではないのだろうか。

立ち後れの目立つ保全教育

これまでの蓄積に乏しい生物多様性保全の実践的な課題に有効に取り組むためには、なによりもまず近い将来にこの分野を担える人材の育成が必要である。そのためには、大学、大学院レベルの保全生物学・生態学の体系的な教育の場が整備されなければならない。

アメリカ合衆国では、一九八五年にカリフォルニア大学バークレー校で保全生物学の専門コースが開かれたのを皮切りに、生物多様性保全分野の教育・研究を行う大学の数が飛躍的に増加した。二〇〇四年には、この分野の専門教育プログラムをもつ大学は、学部・大学院あわせて八七校にまで達している。また、そこで研究教育に従事する教員の数は、八百人にまで拡大している。

一方、日本での研究教育は著しく立ち後れている。日本では、保全生物学や保全生態学の教育プログラムは、ごく一部の農学系の学部・大学院で実施されているにすぎない。そのため、生物多様性保全にかかわる研究や実務に携わるうえで必要な知識や技術を学ぶ機会は、非常にかぎられているといわざるをえない。世界的に、生物多様性の保全に関する新しい政策がつぎつぎに実行に移されようとしている現在、この立ち後れは、致命的ともいえるものである。

アメリカ合衆国と日本の大きな格差は、たんに日本で、生物多様性の保全や生態系の健全性の維持といった課題の重要性がまだ社会的に広く理解されていないことだけによるものではない。日本の大学が、近年さかんになった産学連携を除けば、いまだ社会と密接な関係のある研究教育活動の展開に慣れていないことも大きな理由である。この分野の研究教育プログラムを重要視していくことは、大学と社会の広範で密接な関係が結ばれる、「開かれた大学」への脱皮にも大きく寄与するであろう。

第14章——生態系の再生

不健全化した生態系の健全さを取り戻すことは、焦眉の社会的課題であるが、それはまたむずかしい問題でもある。

その第一の理由は、社会的なむずかしさである。不健全化には、さまざまな要因が関係、とくに広範な人間活動が関係している。したがって、不健全化の原因を取り除くには、たんに技術的な対処だけでは不十分であり、社会システムの変更も視野に入れる必要がある。不健全化を根本的に治癒するには、この問題に対する社会的な理解の輪を広げ、地域社会全体での合意形成が欠かせない。

その第二の理由は、科学的なむずかしさである。生態系は複雑なシステムであり、私たちはその仕組みやカタストロフィックシフトのメカニズムを十分に理解しているとはいえない。不健全化の問題に対処するには、順応的な手法によって、多くの取り組みを仮説検証サイクルにもとづいて実践することが必要である。

このような制約があるなかで、現在でもただちに実施可能であり、また、必須でもあると思われる事業は、パイロット的な生態系再生事業である。それは、根本的な解決を目指すには程遠いが、将来、社会が根本的な解決を選択するようになるための「誘い水」の役割を果たす。同時に、不確実性の高い複雑な問題の実証的な解明にもつながる。そのような事業は、根本的な解決のための「再生の芽」を育てつつ、その有効な方策を科学的に探るための「生態系規模の実験」といえよう。

1　生態系規模の実験

自然再生の歩むべき道

生態系再生は、日本の環境政策では「自然再生」とよばれている。自然保護や生物多様性保全に関心をもつ研究者や市民のなかには、自然再生事業が、新たな公共工事の「饗宴」となるのではないかとの危惧を抱いている人々も少なくない。もちろん私たちは、自然再生事業が、アメリカ合衆国の生態系再生事業で目指されているように、生物多様性の保全や不健全化した生態系の健全化に大いに寄与しうるものであることを期待している。

自然再生事業が、ほんとうに意義のある事業となるのか、あるいは新たな公共事業を生みだしただけに終わってしまうのか。自然再生事業が前者の道を歩めるかどうかは、事業規模の大小にかかわらず、その事業がどれだけ科学的に、また、高い透明性をもって進められるかにかかっている。本書ではあえて「生態系再生」という言葉を用いて、あるべき自然再生の姿について考えていくことにしよう。

生態系再生事業が、順応的管理の原則にもとづいて行われるべきことは、現在では世界の常識である。順応的管理の要点は、あくまでも科学に依拠して進めること、また、多様な主体の参加を保障することである。順応的管理の科学性を保障するには、実験計画にもとづく実施、評価と、事後の検証が必要である。

生態系再生と生態系研究の一体的推進

生態系再生研究が対象とする生態系は、人間活動をその重要な要素として含み、「複雑系」のなかでももっとも複雑なものである。そのため、近代科学が得意とする要素還元的手法だけでは把握困難な「扱い難い」対象であるといえる。

現在の自然科学の研究対象は、要素還元的手法で扱えるものに特化している。また、分野の細分化と高度な専門化により、研究領域の「孤立・分断化」が著しい。そのため、同じシステムを研究対象としていても、どの要素、どの関係性、どの機能に注目するかは、分野間で大きく異なる。したがって、研究対象が同じでも、異分野の研究者間で真の共同研究が成り立つことは稀である。

生態系再生のように、総合的視点が本質的な役割を担う分野は、高度に専門化・細分化した近代科学がもっとも苦手とする研究対象であろう。しかし、そうした近代科学の限界を克服しなければ、地球規模でも地域規模でも、生態系を適切に管理し、また修復し、その持続可能性を確保していくことはむずかしい。

複雑系とは、因果関係が錯綜しており、その関係の多くが非線形であるものを指す。複雑系を科学的に分析するには、統計的な解析により要因を抽出し、要因間の関係を分析する手法をとらざるをえない。そこで考慮すべき要因は、実験室での研究のように研究者が随意に選択できず、解析を意味のあるものとするには、多岐にわたる要因を扱う必要がある。また、空間的時間的変動性も含めて、統計的な解析が十分に有効になるだけのデータを収集しなければならない。そのため、実験室内での研究とは比べものにならないほど、莫大な労力と時間が必要である。したがって、ある程度統制のとれた集団的な研究が必要となる。

生態系再生事業と生態系研究を一体的に進める体制が確保されれば、個別テーマの寄せ集めではない真の総合的な研究プロジェクトが可能になると思われる。具体的、実際的な課題を目の前にすることで、異分野の研究者が研究目的を共有し、協力関係を築くことが容易になるからである。そのようなプロジェクトでは、再生事業自体を生態系規模の実験としてとらえ、科学的な検証に堪える「実験デザイン」と膨大なデータ収集・解析に十分な研究体制の確保が重要であろう。

2　生態学的な植生再生のために

木を植えることの是非

自然再生といえば、ただちにそれを植林と結びつける人が少なくないであろう。しかし、植林がほんとうの意味での生態系再生になるのであろうか。大がかりに育苗した樹木を植林し、肥料で成長を促進させるような手法は、見かけとしては良好な植生を蘇らせたようにみえても、生態系の健全性を取り戻したとはいえないこともある。逆に、用いる材料いかんでは、周囲の個体群や生態系に悪影響をもたらすおそれすらある（第3部参照）。

日本では、「植樹祭」「国土緑化」などの国民に対する長年の啓蒙活動が効を奏して、「木を植えること」あるいは「緑化すること」が、無条件に「善い行い」であるという意識が人々に植えつけられている。そのため、日本の国内、国外を問わず、生態系レベルでの科学的な評価が十分になされないままに植樹が計画され、そこに善意の人々が動員されるという事態がみられるのである。

実際、中国などでの砂漠化防止へのボランティア募集というと、そのほとんどが植林事業への参加である。植林や緑化は、砂漠化地域では、本来慎重に行わなければならないものである。それは、乾燥地の植林や緑化が、地域の人々から乏しい水を奪い、かぎられた土地を奪い、少ない資源を奪う可能性があるからである。また、植林が、外来種である場合には、生態系への影響も大きな問題となる。植林や緑化によって、本来その地域の生態系に存在しない植物がはびこって、生態系の不健全化や種内の遺伝的な多様性の攪乱が起こった例もある。クズは、日本から砂防のために北アメリカに導入されたが、現在では、きわめて侵略性の高い植物として駆除の対象になっている。また、オーストラリア産のフトモモ科メラルーカ属の樹木が、フロリダのエバーグレイズ湿原において旺盛に繁殖している。この樹木は、大量に水を蒸散させるという特性をもつ。そのために、この樹木の繁殖によって、湿原の乾燥化が急速に進んでいるのである。

植林や緑化は、植林地や都市環境では、木材を生産し、良好な環境を形成するうえで重要な行為である。長い歴史に裏づけられて、地域の自然環境との親和性も高いものもある。しかし、生態系再生の現場は、移行帯（エコトーン）をはじめとして、本来が脆弱性の高い生態系である。このような生態系を再生する場合、システム全体の関係性がどのように安定していくのかを注意深く見守っていく必要があり、見かけ上の植生を回復させる植林や緑化には慎重でなければならない。

種子分散共生系を活かした植生再生技術

ところで、拡大造林によりスギ・ヒノキなどの植林地が多くなりすぎた日本では、今後、生物多様性の保全や生態系再生のために、積極的に植林地をより自然性の高い落葉樹林などに転換していく事業が進んでいくものと考えられる。さまざまなタイプの植生を再生するには、生態学的技術の開発が必要である。

そうした再生事業において望ましい生態学的技術とは、ひとことでいえば「生態学的な種子分散プロセスの活用と加速化」である。植生回復に寄与する種子やそのほかの繁殖子の空間的・時間的な分散を、いかに加速するかがポイントとなる。もちろん、その場の状況や導入植物いかんでは、種子の移動と芽生えの定着を確実にするため、人間が種子をまき、苗を育て、植えることが必要な場合もある。しかし、自然のプロセスをできるかぎり活かすには、まず、つぎのような方法をとるべきである。

一つは、霞ヶ浦の水辺の植生再生で紹介したように、土壌シードバンクを用いて過去からの時間的な種子分散による実生発生を促すことである(第8章参照)。もう一つは、空間的な種子分散による種子の導入を加速するための生態学的な工夫である。すなわち、間伐材や粗朶、茅などの植物材料を用いて土壌の崩壊と流出を抑えたうえで、まわりの植生からの種子分散を促進させ、林縁性の植生の発達を促す。自然のプロセスを重視することで、人間が種子を播種するよりも、はるかに効果的に植生の発達を促すことができる場合もある。

林縁植生や低木層の植生には、通常、液果や乾果をつける植物が多く含まれている。それは鳥による種子分散の結果でもある。生態学的な緑化技術では、鳥や獣が好む果実をつける植物と、それを食べて種子を分散する鳥や獣の間の共生的な生物間相互作用を活発化することを通じて、自然の摂理による緑化を促進する。それは、目立たないが着実な自然のプロセスに注目した、コスト不要の緑化である。

鳥や獣が、生態系再生の場にやってきて、周囲の森林や林縁で食べた液果や乾果の混ざった糞を落とすようにするには、多少の止まり木など、誘因効果のあるものを用意するのも一方法である。止まり木であれば、たんに鳥がとまりやすい横木のついた棒でもよいが、それが液果をつける樹木であればさらに効果的であろう。鳥や獣は外部からも種子をもち込んできて、あたりに肥料とともに播種をする。

生態系再生の場を、その地域にふさわしい自然林へと誘導するのであれば、ネズミ、リス、カケス、ホシガラスなどの貯食による種子分散の促進を考える必要がある。動物たちがその場所に貯食用の種子をもち込む行動を促すための生態的な仕組みをデザインする必要がある。それにはまず、動物の貯食行動と種子分散メカニズムについての基礎的な研究と、具体的な応用技術の検討が必要である。

そうした生態学的技術の開発は、種子分散共生系をより深く理解するための研究と一体的に進める必要があるだろう。なぜなら、種子分散共生系は、植物と動物の共生関係のなかでも、とくに森林の発達・維持において重要な役割を果たしていると考えられるからである。鳥類や哺乳類による種子分散プロセスに関する生態学的な理解がいっそう深まれば、それらを媒体とする種子の望ましい動きを加速化させ、低コストで外来生物の問題をもたらさない緑化技術の開発につながるであろう。そのような研究は、また、多面的機能を発揮しうる森林の再生を、生態学的な原理を活かして進めるためにも欠かせない。

3　健全な農林水産業のための生態系管理

ポリネータを養う樹林

近代化された農業は、北アメリカのプレーリーのように、農地を大規模に開発して、見渡すかぎり同じような畑が続く単純なランドスケープをつくりだした。そうした農業地帯では、生態系の多様性は失われた。それがいかに生態学的に不健全であるかは、その後、砂塵嵐の多発により多くの農地が放棄されたことが如実に物語っている。

このような単純なランドスケープの多様性を回復させるため、こうした農業地帯で、農地以外の樹林や湿地などを一定面積確保して、不健全化の弊害を少しでも是正する試みが各国で始まっている。たとえば、近年急速に森林が失われたブラジルでは、農業地域の土地所有者は、その土地の五分の一を天然林として保全することが法律で義務づけられている。

天然林を残した土地は、生物多様性保全のための重要な保護地となるだけでなく、農業生産にとっての良好な効果をもたらしていることが明らかにされている。森林保護地を残したコーヒー園では、そうでないコーヒー園に比べるとコーヒーの生産が一五パーセント程度増加しているという研究報告がある。

それは、森林のもつ土壌の保全効果が生産性の向上に寄与したことに加え、森林が、コーヒーの授粉を助けて結実をもたらすポリネータ（花粉媒介者）を養う機能をもっているからだと考えられている。森林に生育する植物が、コーヒーの花が咲いていないときに、ポリネータに餌を提供する役割を果たしているのである。このようなコーヒーの増産を保障する残存森林の効果を貨幣価値によって評価すると、一ヘクタールあたり一八六〇米ドルになるという。

ランドスケープの単純化や農薬の影響がもたらすポリネータの喪失は、世界各地に、花が咲いても実が実らない「実りなき秋」をもたらしている。日本もその例外ではない。かつての里山ランドスケープでは、農地に隣接して野の花の咲く樹林や草原があり、ポリネータを必要とする作物の授粉に役立つ昆虫を養っていた。しかし、同じような農地ばかりが広がる近代的なランドスケープでの栽培や施設栽培では、自然にポリネータを得ることができない。そこで、確実な授粉のための手段として外来昆虫を導入した結果、その野生化による生態系の影響という問題が引き起こされたのである（第9章参照）。

近代化された農業では、農地は周囲の環境の影響からできるかぎり切り離されて、強い人為のもとで管理される。農地外の生態系が作物の生産に影響を与えることは考慮の外である。しかし、農地はけっして一つの生態系として孤立しているのではない。作物の病原菌の宿主となるような植物が周囲にあれば、作物に病害が生じやすいし、逆に、生産を上げるのに役立つ機能が提供されることもある。

農業地域に、農地だけではなく、樹林や草原や生け垣などをある程度の面積で残すという方針は、ヨーロッパの国々においても、環境と安全性を重視した農業政策として採用されるようになってきた。それは、多様な生態系の存在が、健全な農業を支える機能、すなわち、土壌の保全や、農業害虫を抑制する天敵やポリネータを養う機能などを発揮させるからである。しかし、それらの関連性を科学的に検討し、健全な生態系を活かすためのランドスケープデザインにつなげるのは、今後の課題である。

保護区が増進させる漁業生産

漁業では、禁漁の海洋保護区を設けると、周辺の漁場の漁獲量が増すことが知られている。それは、フィリピンのアポ島での研究で実証されている。この島では、一九八三年に、島のサンゴ礁の一〇分の一が禁漁の保護区となった。保護区が設定されてから一八年を経て、保護区内でおもな漁獲対象の魚種のバイオマスは三倍となった。保護区外では、そのような増加はみられなかった。このことから、保護区が魚を増やすうえで効を奏していることがわかった。

保護区周囲での漁獲量は、かつてより五分の一ほど増加した。保護区の面積が一〇分の一であるから、この漁獲増加量は満足のいくものである。しかも、同じ漁獲を得るために必要な労力がかつての二分の一になっている。保護区の設定は、生物多様性を保全しつつ、乱獲を抑え、かつ漁獲量を保障するうえで有意義である。

このように、陸地、海洋を問わず、人間の産業や生業のための利用を免れる空間は、生物多様性を維持するうえで重要な空間であるばかりでなく、農業や漁業における生産やその持続可能性を保障するうえでも意味の大きい空間であるといえる。さらにそのような空間は、人々にさまざまな楽しみを与える遊びや「遊び仕事」の場でもある。種の絶滅を防ぎ、侵略的な種の蔓延を防ぎ、人間活動と調和した生態系のあり方について、理論と実践を統合しながら、広く、また詳細に研究され続けるべきであろう。

［著者略歴］

鷲谷いづみ（わしたに・いづみ）
一九五〇年　東京都に生まれる
一九七八年　東京大学大学院理学系研究科博士課程修了
現在　東京大学大学院農学生命科学研究科教授、理学博士
主著　『里山の環境学』（共編、二〇〇一年、東京大学出版会）ほか

武内和彦（たけうち・かずひこ）
一九五一年　和歌山県に生まれる
一九七六年　東京大学大学院農学系研究科修士課程修了
現在　東京大学大学院農学生命科学研究科教授、農学博士
主著　『環境時代の構想』（二〇〇三年、東京大学出版会）ほか

西田　睦（にしだ・むつみ）
一九四七年　京都府に生まれる
一九七七年　京都大学大学院農学研究科博士課程単位取得退学
現在　東京大学海洋研究所教授、農学博士
主著　『保全遺伝学』（分担、二〇〇三年、東京大学出版会）ほか

生態系へのまなざし

二〇〇五年八月一〇日　初　版
二〇〇六年八月一八日　第二刷
検印廃止

著　者　鷲谷いづみ・武内和彦・西田　睦
発行所　財団法人　東京大学出版会
代表者　岡本和夫
一一三-八六五四　東京都文京区本郷七―三―一　東大構内
電話：〇三―三八一一―八八一四
振替：〇〇一六〇―六―五九九六四
印刷所　株式会社　精興社
製本所　牧製本印刷株式会社

ISBN 4-13-063325-2